小学館学習まんがシリーズ

名探偵コナン理科ファイル

力と動きの秘密

原作／青山剛昌
監修／ガリレオ工房
まんが／金井正幸
構成／原口るみ（ガリレオ工房）

みなさんへ

この本のねらい

コナンとともに科学を楽しもう！

NPO法人ガリレオ工房理事長　滝川洋二

みなさん、こんにちは。これから、名探偵コナンと一緒に科学を楽しんでいきましょう。

学習まんがシリーズ『名探偵コナン 理科ファイル』の『力と動きの秘密』では、小・中学校で学ぶ「力」と「運動」に関するほぼすべての内容をコナンと学びます。

本書では前半と後半に2つの事件が起きますが、とくに後半のFILE2では、「力と動き」について学ぶのにうってつけな場所＝遊園地を舞台に、コナンたち少年探偵団が大活躍します。事件を解決するには「力と動き」についての知識が不可欠なので、まんがを読むだけでも知識が身につくことでしょう。もちろん、まんがのあとには読みやすい解説が用意されていて、楽しい科学の実験も紹介されています。

てこや天びん、スピードの変化、回転などを扱う「力と動きの科学」は、洗濯機や遊園地の乗り物など、身近なものにも利用されています。また、「力と動きの科学」はもっとも古くから研究されてきた学問の分野の1つで、ほかの科学の基礎ともなっているので、この本で紹介されている内容を小・中学校のあいだにしっかり理解しておきましょう。

知識を吸収する上で大切なことは、もっと知ろうという意欲です。この本はその意欲を奮い立たせ、育ててくれます。この本を読んだあとはきっと、教科書や参考書をより楽しく読むことができるはずです。

これからの新しい時代に必要な、科学的な知識と考え方をコナンと一緒に見つけましょう！

ガリレオ工房とは

小学校・中学校・高校の理科の先生や、理科が好きな市民のグループ。科学の楽しさと大切さを伝えるために、ユニークな実験を雑誌や新聞で発表したり、テレビの科学番組に協力したりしてるんだ。全国各地で実験教室やサイエンスショーも行っているよ。

もくじ

CONAN COMIC STUDY SERIES

名探偵コナン理科ファイル 力と動きの秘密

力と動きコラム〈パート1〉

力と動きコラム〈パート2〉

FILE 1

美女と怪獣のタマゴ

おとなにも大人気のおもちゃ「ゴメラのタマゴ」を買いに来た警視庁の千葉刑事は、おもちゃを開発した野々宮七奈という女性と知り合うが……。

ぜんぜん進まないな～。
ガヤガヤ
朝7時から並んだのにね。
ワイワイ
いったい先頭の人は何時から並んだんでしょう?
まずいな～。いくら非番の日とはいえ、こんな所をあの子たちに見つかったら、何を言われるか……。
そろ～～っ
ドッ
あっ、すみません。

2

だいじょうぶですか?
あなたは!
ゴメラのタマゴ
野々宮七奈さん!!
あ、あの、千葉っていいます。子どものころからゴメラが大好きで、今日も朝4時から並びました!
あれ、千葉刑事じゃねーか?
ほんとだー。
あの女性は、ゴメラのタマゴの開発者ですよ。
あ。
どこへ行くんじゃ。
ダッ
仕事サボってこんなとこにいていいのかよ。
今日は非番なんだよ。
きみたちこそ学校は?
今日は10月の1日だから、都民の日でお休みよ。

あの……千葉さんは刑事さんなんですか?
ええまぁ。
非番なら、うちに来ていただけませんか?
ええっ!?
実はストーカーが……警察に相談したいと思っていたんです。
でも、あまり大事にしたくないので、千葉さんが1人で来てくださると……。
分かりました!!
サラサラ
これが私の住所です。今日の午後4時に…、
お願いしますね。
では、4時ぴったりに!

4

野々宮！
そろそろ取材がはじまるぞ。
今、行きます。
それじゃ4時に。
……。
その日の夕方。
ちょっと早かったかな。
ガサガサ
パッ
きみたち、何でここに……。

メモの住所がちらっと見えたから。
若い女性の部屋に1人で行くのはよくないと思いまして。
でも、1人で来てほしいって……。
ずるいぞ！お宝を1人で見るつもりだな!!
えっ？
6
雑誌の記事にのってたじゃないですか。
ゴメラのタマゴ
野々宮さんは、ゴメラのプレミアもののカードやポスターなんかをコレクションしてるって。
歩美も見たーい。
まいったな……。
ゴウーーン
303
野々宮
ピンポーン
あれ？

いねーのか?
ガチャ
こ、こらっ!
ギィ
!!
野々宮さん、千葉です。
光彦たちは、ここでだれも出てこないように見張っててくれ!
ストーカーに狙われてるって言ってたけど……。
まさか野々宮さんの身に危険が……!?
!!
ウィイイ
ガタッ
タンタン
バーッ
野々宮さん!!

ピロピロ
ピロピロ
あっ!
!!
待て!
逃がすか!!
ガッ

これはいったい…!?
まだ息がある、救急車を呼べ!!
ばっかも〜ん!!
ストーカー相談に警察官として対応するなら、上司にひと言報告せんか!!
すみません。
だが、被疑者をとり押さえたことに免じて、今回は大目に見よう。
本多圭太31歳、か。

9

おじさん、ボンダイの社員さんだよね？
どうして知ってるんだい？
今朝、デパートのおもちゃ売り場で野々宮さんと話してるのを見たんだ。
そうか！あの時、スタッフジャンパー着ていた人ですね。
つまり被害者の同僚というわけか。
上司です。明日のイベント用の荷物を運び出すから、手伝いに来てほしいと頼まれまして……。
約束通り4時ちょっと前に来たら、もうこのありさまだったんです。
ウソつけ！それじゃどうして逃げようとしたんだ。
彼女を殺そうとした犯人が戻ってきたかと思って、身を隠そうとしただけです!!
警部。
何だ？

※吉川線とは、首をしめられた被害者がロープをはずそうとするなどしてできたひっかきキズのこと。他人に首をしめられたことを示す判断材料となります。

……って小五郎のおじさんが教えてくれたんだ。
あの男は子どもに何てことを教えとるんだ。
警部、ちょっといいですか？
今行く。
……。
この部屋にはおかしな点がいくつかあるな。
どこがおかしいんですか？
教えろよ。
いいか？こんなにおもちゃがちらかってるのに、それ以外のものは整とんされてるだろ？
おまけにゴミ箱も全部空なんだ。
今日はゴミの収集日だったんじゃねーの。

12

いや……収集されるゴミは曜日によってちがう。
燃えるゴミ
びん、缶
ペットボトル
燃えないゴミ
火 木 金
だから、その日に収集されないゴミは残っているはずなんだ。
あと、あれも……。
あれ？写真立てに写真が入ってないわ。
ひょっとしたらこっちも……。
やっぱり。アルバムから写真がはがされてる。
ん？
!!
8月
花屋
9月
花屋
毎月1日に花を買ってたみたいですね。
ピッピッ
野々宮さんてお花好きなのね。

13

おお、新一か。どうした？
ちょっと調べてほしいことがあるんだ。
ふむふむ、分かった。すぐ調べよう。
サンキュ。
14
ん……？
ウィ～ン
ミシンのボビン？それに結束バンド……。
ヴヴヴ
あったぞ、新一。3年前の10月1日に交通事故があっての。運転手は無事だったんじゃが、助手席の男性が亡くなっておる。
!!
運転してたのは本多って人？
うむ。亡くなったのはボンダイの社員で、当時28歳だった大島さんという人じゃ。

助かったよ、博士。じゃあすぐ来てくれ。
うむ。
そういえばあの時、動いてるおもちゃがあったな……。
そうか!!
それにしても、首を絞められて抵抗したわりに、被害者の着衣に乱れがなかったが……。
確かに不自然ですが、自殺だとすると吉川線の説明がつきません。
首をつるロープをかける場所もなかったしな……。
お前、何か知ってるんだろ?
そんな目で見るな!
私はただ、約束の時間にチャイムを鳴らしても返事がないから心配になって、
部屋に入ったら野々宮が倒れてたんだ。

15

でも、よりによって何で今日なんだよ！
ともかく本多さんには署までご同行願います。
……はい。
や、どうも。子どもたちを迎えに来たんじゃが……。
あ、阿笠さん。
さあ、行くぞ。
待つんじゃ!!
いや……。
オッホン。
もしかして事件の真相が分かったの？
そんな……阿笠さんは今来たばかりだし。

16

17

わしくらいの科学者になると、現場をひと目見ただけで、真実が分かるんじゃよ。
コナンくんから聞いたところによると、野々宮さんの着衣には乱れがなく、家中のゴミも捨てられ……、
おもちゃ以外は家中がきちんと整とんされているということじゃった。
じゃからおそらく、野々宮さんの覚悟の自殺が未遂に終わったと考えられるのじゃ。
そんな!!
自殺の動機は何ですか!?
ヒントはカレンダーじゃ。
毎月1日に花を買ってるみたいですね。

じゃが今日はその予定が書かれておらん。
その代わり③って書いてあります。
毎月1日に花を買っておったのは、1日が月命日だからじゃよ。
月命日？
だれかが亡くなると、毎月その日にお墓参りをしたりするんです。
じゃあ、この③は……？
今日でちょうど亡くなってから3年経つんじゃよ。
ボンダイの社員だった大島さんという人がな。
……。
3年前の今日、そこにいる本多さんが自動車事故を起こし、同乗していた大島さんが亡くなった。
野々宮さんのアルバムから最近の写真が不自然にはがされていたのは、ある事を隠すため。

つまり、大島さんは野々宮さんの恋人だったんじゃよ。
!!
ええ?
……。
ここに来る前、毛利探偵の力を借りて大島さんのご遺族に連絡をとったんじゃ。
あー、こちら名探偵の毛利小五郎ですが、野々宮七奈という女性についてちょっと……。
七奈ちゃんがどうかしたんですか?
やはり野々宮さんと大島さんは……。
実は今日、野々宮さんが……。
ええっ!?
うちの息子が考えたおもちゃを七奈ちゃんが完成させたんです。今日が発売日だと聞いて、とても喜んでいたのに……。

19

それじゃ、ゴメラのタマゴは……。
大島さんの個人的な企画を元に、野々宮さんが実現させたものなんじゃ。
ご遺族によると、事故のあとに企画書を野々宮さんに渡したそうじゃよ。
ありました!
うーむ。しかし、念願の発売日になぜ自殺を?
それに、この状況で自殺というのは無理がありませんか?
可能じゃよ。
ピロピロ
ミシンのボビンと結束バンド、それにおもちゃのクレーン車でな。
ミシンのボビン
おもちゃのクレーン車
結束バンド

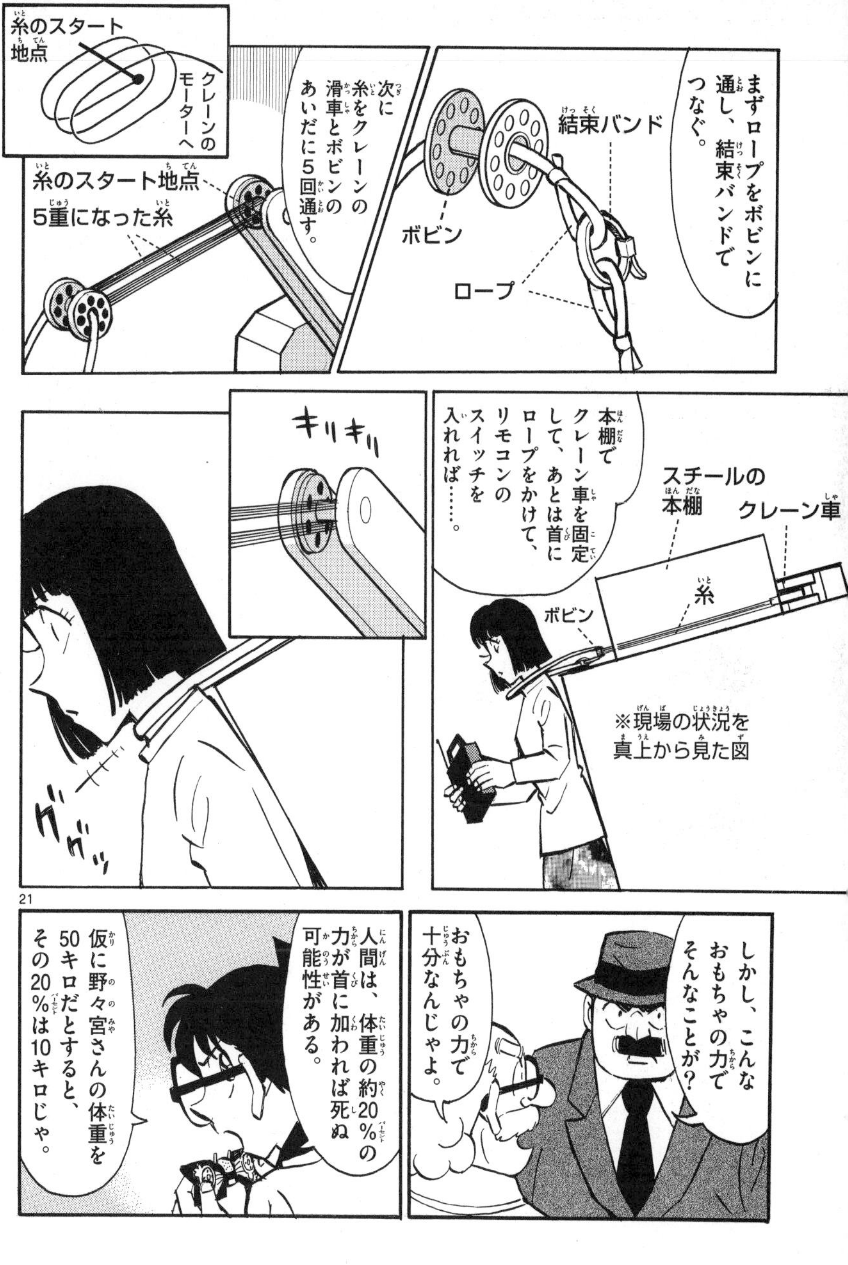
まずロープをボビンに通し、結束バンドでつなぐ。
結束バンド
ボビン
ロープ
次に糸をクレーンの滑車とボビンのあいだに5回通す。
糸のスタート地点
クレーンのモーターへ
糸のスタート地点
5重になった糸
本棚でクレーン車を固定して、ロープをかけて、あとは首にリモコンのスイッチを入れれば……。
スチールの本棚
クレーン車
糸
ボビン
※現場の状況を真上から見た図
キリキリ
グググッ
しかし、こんなおもちゃの力でそんなことが?
おもちゃの力で十分なんじゃよ。
人間は、体重の約20%の力が首に加われば死ぬ可能性がある。
仮に野々宮さんの体重を50キロだとすると、その20%は10キロじゃ。

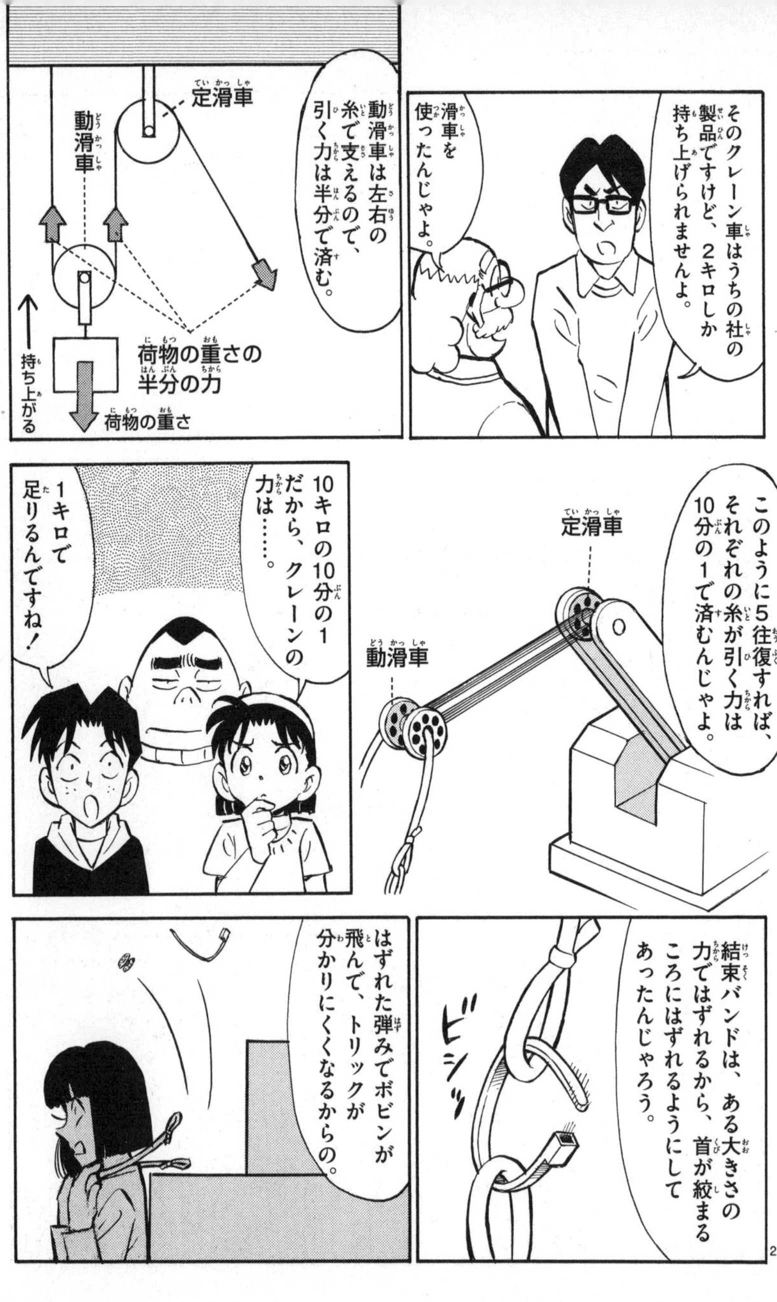

そのクレーン車はうちの社の製品ですけど、2キロしか持ち上げられませんよ。
滑車を使ったんじゃよ。
定滑車
動滑車
動滑車は左右の糸で支えるので、引く力は半分で済む。
荷物の重さの半分の力
荷物の重さ
持ち上がる
このように5往復すれば、それぞれの糸が引く力は10分の1で済むんじゃよ。
定滑車
動滑車
10キロの10分の1だから、クレーンの力は……。
1キロで足りるんですね！
結束バンドは、ある大きさの力ではずれるから、首が絞まるころにはずれるようにしてあったんじゃろう。
ビシッ
はずれた弾みでボビンが飛んで、トリックが分かりにくくなるからの。
22

あとはクレーンが糸を巻きとり、現場にはロープだけが残るんじゃ。
ウイイイーン
なるほど！おもちゃが散らかって動き回っていたのは、クレーン車の存在をカモフラージュするためだったんですね。
警部！病院から連絡があって、野々宮さんが意識をとり戻したそうです。
!!
総合病院

23

あなたがわざと吉川線をつけて、自殺を他殺に偽装したという人がいるんですが……。
……ばれちゃったんですね。
ゴメラのタマゴは大島大介さんの企画だったんですな?
ええ。ヒットまちがいなしの企画ができたって、はりきってました。
なのに……。
だからこの3年間、彼の遺志を実現させるためだけに、私は生きてきたんです。
それがかなえられたから死のうと……?
はい。でも、どうせ死ぬなら、大介さんの命をうばった本多さんに殺されたように見せかけようと思って。
大島さんの件は不運な事故だったと聞いてますが?
でも、
事故のあと私の上司になった本多さんは、大介さんの企画をなかなか通してくれませんでした。

それどころか、社内のあちこちで密談して、この企画をつぶそうとしてたんです！
私は大介さんのために必死だったのに!!
それをあの男は!!
七奈ちゃん、それはちがうわ！
大介さんのお母さん……。
本多さんはね、事故のあと毎日うちに通ってくれたの。
もちろん最初は受け入れられなかったけど……。

そのうち少しずつお話しするようになって……。
大介のために、七奈ちゃんが必死で働いていることも教えてくれたわ。
本多さんも、企画を実現させようとしてくれていたの。
七奈ちゃんには内緒だったけどね。
そんな……。
大島の……大介くんの企画はすばらしかったけど、いくつか問題点もあった。

26

なんとしても実現できるように、完璧な企画書にしてほしかったし、
ほかの部署の協力も必要だったけど、信頼できる人間にしか話せないから慎重に……。
本多さんはね、あなたが無理をし過ぎているんじゃないかと心配してたの。
じゃあ本多さんは私と大介さんの関係を知っていて……？
ぼくはとり返しのつかないことをしてしまった。
だから野々宮にいくらうらまれても仕方がない。
でも、大介くんが遺したすばらしい企画を実現させるのが自分の責任だと思ったんだ。

2人とも必死で企画を実現しようとしてたんですね。
本多さん……私はなんてバカなことを……。
いいんだ。ゴメラのタマゴは無事に実現したじゃないか。
でも、私にはもう何も残ってない……ゴメラのタマゴだけが生きがいだったから。
私やっぱり大介さんのいる天国へ行きたい。
28
七奈ちゃん！事故のあと大介の部屋を片づけた時に気づかなかったのが私にも不思議なんだけど、
昨日、これが出てきたの。
指輪？

『笑顔のきみが好き。大介』
……。
昨日、このタイミングで出てきたってことは、野々宮さんにずっと笑顔でいてほしいっていう、大介さんからの伝言なんだよ！
きっとそうよ！どうか、あの子の分まで笑顔で生きて、幸せになってちょうだい。
だ……、
大介さん！

トリックを見破ったコナンのように、きみも力と動きの秘密を学ぼう!!

ガラスもゆがむ!? ~弾性~

力を加えたら、物体の形は変化するんだろうか?

弾性って何だろう?

スポンジに力を加え、ギュッとにぎってみよう。すると、スポンジの形は変わる。そして力を加えるのをやめると、スポンジは元の形に戻る。このように力が加わると形が変わり、力をとり去ると元の形に戻る性質を**弾性**と呼ぶよ。

試しに、友だちのほほを指で軽く押してみよう。ほほはへこむけど、押すのをやめれば元に戻る。つまり、ほほにも弾性があるんだ。弾性を持っている物体は、ほかにどんなものがあるのだろう?

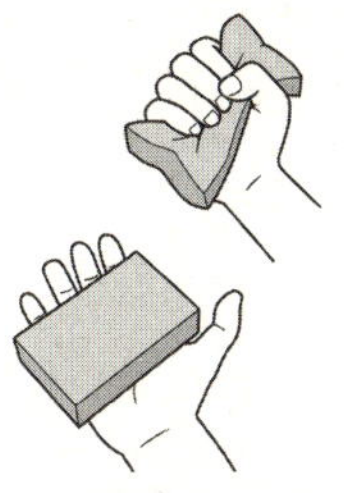

スポンジに力を加えると変形し、手を放すと元に戻る。

ガラスや鉄にも弾性がある!

ガラスや鉄は、かたい物体だ。簡単には曲がらないし、無理に力を加えたら、ガラスは割れてしまうし、細い鉄の棒は折れ曲がって元には戻らない。だから、ガラスや鉄には弾性がないと思われることが多いんだ。

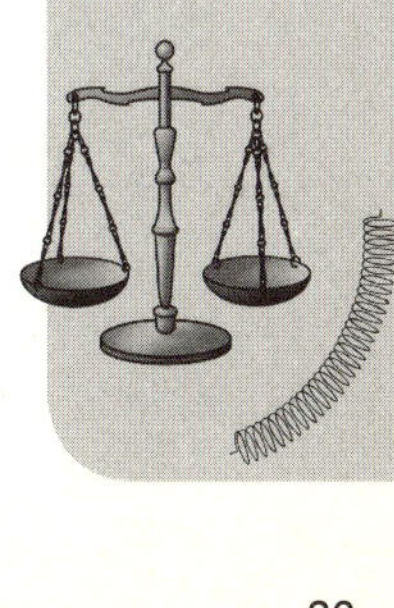

でも、小さな力ならどうだろう? 例えば、細長い鉄の棒の両端に少しだけ力を加えるとほんの少し曲がるけれど、力をとり去れば真っ直ぐに戻る。つまり、鉄にも弾性はあるということだ。

実は、ガラスや鉄に限らず、どんな物体にも弾性はある。それならば、ガラスや鉄とスポンジは、いったい何がちがうんだろう?

同じ鉄でも形により、曲げるのに必要な力の大きさはちがう。

弾性には限界がある

ガラスや鉄にも弾性はある。でも、あまり大きな力を加えると、ガラスは割れてしまうし、鉄は曲がってしまう。つまり、弾性には限界があるんだ。

どんな物体でも、弾性の限界を超える力を加えると、形が変わったまま元に戻らなくなってしまう。ただ、その限界はそれぞれの物体によってちがうから、同じ大きさの力を加えても、元に戻るものとそうでないものがあるんだ。

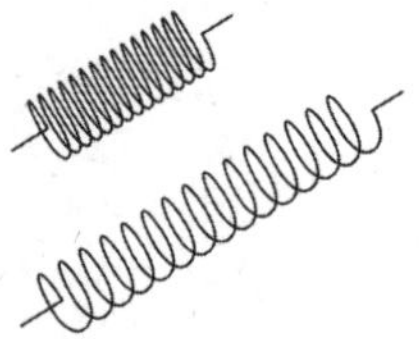

例えば鉄でできたバネは、弾性の限界を超えてしまうと、形が変わったまま元に戻らなくなる。

身近な弾性を確かめてみよう!!

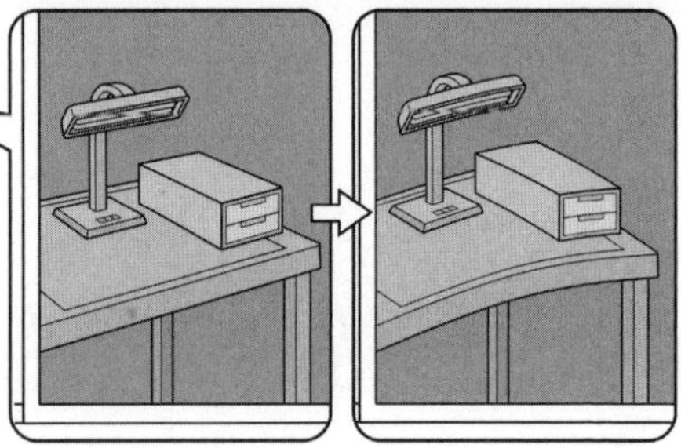

窓ガラスを押すと景色がゆがむ!!

部屋の中が映った窓ガラスなどを、手でゆっくり押してみよう。映った景色がゆがんで見えるよ。

道路標識が強風でゆがむ!!

風が強く吹いている日に、道路標識を観察してみよう!!

ゴムの伸び縮み

ゴムの弾性は、どんな所に使われているのだろう？

ゴムの弾性を利用しているもの

弾性が利用されている身近なものにゴムがある。ゴムに力を加えると伸び、力をとり去ると縮む。この性質を利用しているのが、輪ゴムなどだ。下着やくつ下ががらだにピッタリ合って脱げないのも、ゴムの弾性のおかげなんだね。

ほかにも、スーパーボールが弾むのもゴムの弾性のおかげだ。また、パチンコ（下の図を参照）は、ゴムの弾性を利用して弾を遠くに飛ばす道具だよ。

輪ゴム

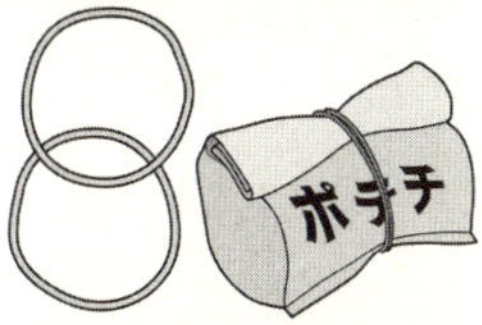

ヘアゴム

下着やくつ下

スーパーボール

パチンコ

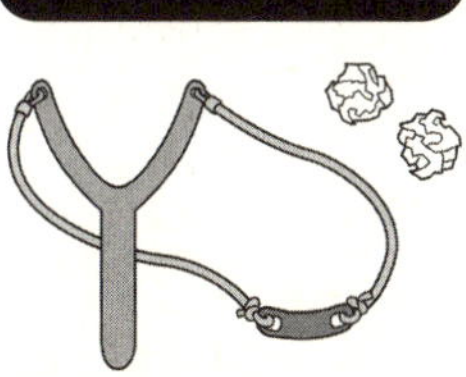

ゴムの弾性は、輪ゴムや下着などの生活用品や、スーパーボールなどのおもちゃにも利用されている。ほかにはどんな所に利用されているか、きみも探してみよう！

糸車をつくってみよう!!

ゴムの弾性を利用したおもちゃをつくってみよう。糸巻きに通した輪ゴムを割りばしでくるくる巻いて、手を放すと床の上をスーッとすべるように進んでいくよ。身近にある材料でつくれるから、ぜひチャレンジしてみてね！

用意するもの

① 糸巻きに輪ゴムを通す

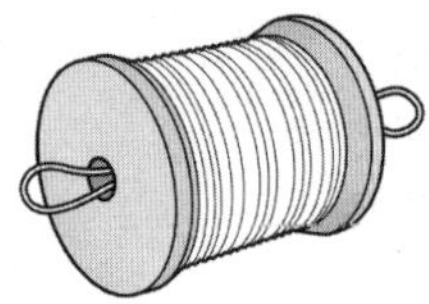

糸巻きの穴に輪ゴムを通す。穴が小さくて通しにくい場合は、割りばしやつまようじを使って押し込んでみよう。

② 輪ゴムにようじを通す

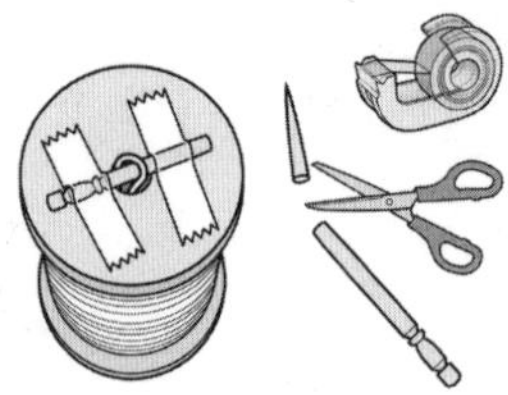

輪ゴムが穴から抜けないように、つまようじを留め具にして、テープでとめる。つまようじは、糸巻きの直径より短く切っておこう。

③ 反対側の輪ゴムに割りばしを通す

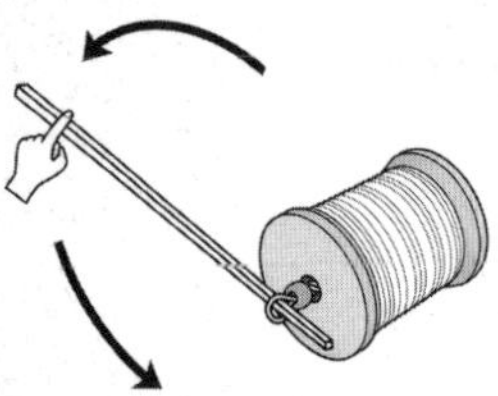

反対側の輪ゴムをビーズに通し、図のように割りばしを通す。割りばしをグルグルと回して、輪ゴムを巻こう。

④ 手を放すと進む！

なめらかな床や机などの上で手を放すと、輪ゴムが元に戻ろうとするので糸巻きが回転し、糸車が進んでいくよ。

バネの伸び縮み

バネの弾性は、どんな所に使われているのだろう？

バネの弾性を利用しているもの

針金などを植物のつるのように巻いたものを**つる巻きバネ**という。バネは、力を加えて伸ばしたり縮めたりすることができ、力をとり去ると元の長さに戻る。ノック式ボールペンなど、身近なものにもバネが使われているよ。きみも探してみよう！

バネばかりにもバネの弾性が利用されている。

『フックの法則』とは？

バネを使うと重さをはかることができる。これはなぜだろう？

ロバート・フック（※）というイギリスの科学者が、バネの伸びは、バネに加えられた力の大きさ（おもりの重さ）に比例することを発見した。つまり、バネに加える力を2倍、3倍……にすると、バネの伸びも2倍、3倍……になるんだ。これを**フックの法則**と呼ぶよ。だから、バネがどれだけ伸びたかを調べることで、重さをはかれるんだ。

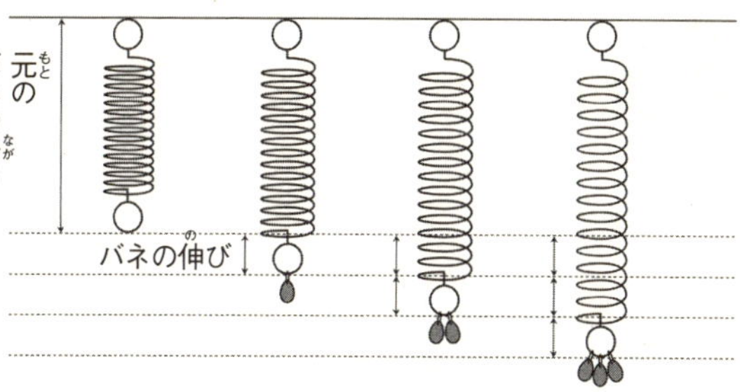

バネの伸びは、バネに加えられた力に比例するので、おもりが2倍になれば、バネの伸びも2倍になるよ。

※ロバート・フックについては、名探偵コナン理科ファイル『植物の秘密』の「サイエンス偉人伝①」を見てね！

どのバネが一番伸びる？

50gのおもりをつるすと、2cm伸びるバネがある。同じおもりとバネを①、②、③のようにつなげたら、全体が一番伸びるのは①〜③のどれだろう？

まずは、それぞれのバネに、どれだけの力が加わっているかを考えてみよう。あとは、フックの法則にしたがって、バネの伸びを求めれば正解が分かるはず。答えを予想したら、本を逆さにして、この下にある正解を確かめよう。

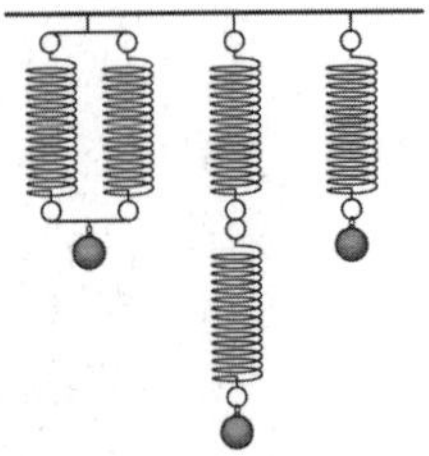

※バネの重さは考えません。

正解は②！

①の伸びは、おもりが1つだから2cm。

②は、2つのバネそれぞれにおもりの重さがかかり、2cmずつ伸びるから、全体では4cm伸びる。

③は、それぞれのバネにおもりの重さが半分ずつかかるので、2つのバネはそれぞれが1cmずつ伸び、全体も1cmしか伸びない。

したがって、バネの伸びは、①2cm、②4cm、③1cmとなり、正解は②というわけだ。

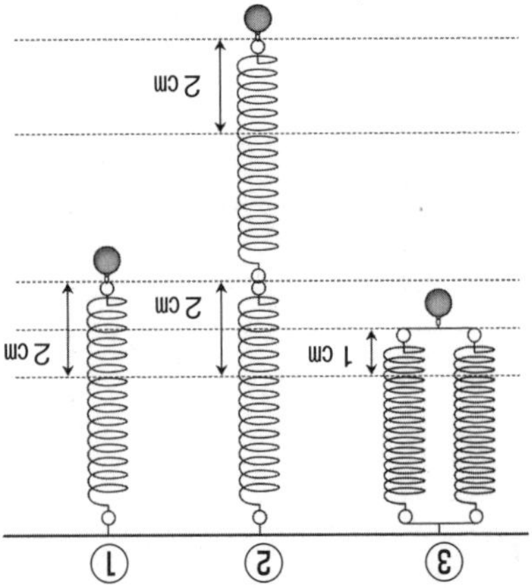

※ゴムの場合には、「フックの法則」は成り立ちません。

『フックの法則』を確かめよう

身近な道具を使って、バネの実験をしてみよう！

用意するもの

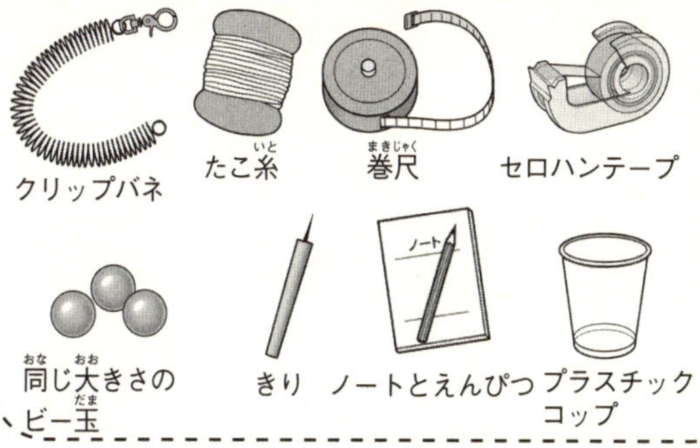

① コップに糸を通す

プラスチックコップの上の方に、きりを使って2つの穴をあける。きりを使う時は、ケガをしないように気をつけよう。たこ糸を穴に通して結んだら、クリップバネに引っかけよう。これで、ビー玉のおもりを入れるための「バネつきの入れもの」が完成だ。

② コップをつるす

カーテンレールなどからコップをつるす（ビー玉の重さがかかってもだいじょうぶかどうか、必ずおうちの人に確かめてからつるそう！）。カーテンレールにつけたクリップが重みではずれないように、セロハンテープでしっかり固定しよう！

③ 巻尺をはる

バネのうしろの窓や壁に巻尺をはる（壁にはる場合は、壁を傷めないテープを使おう！）。空のコップの底が、巻尺の0の目盛りに合うようにはろう。次にビー玉1個をコップに入れて、バネの長さをはかってノートにメモしよう。

④ ビー玉を増やす

ビー玉を1個ずつ増やすたびに、バネの長さをはかってノートに記録しよう。ビー玉の数と伸びた長さを表にすると見やすいよ。実験が終わったら、ビー玉の数と伸びた長さのあいだに、どんな関係があるか考えてみよう。

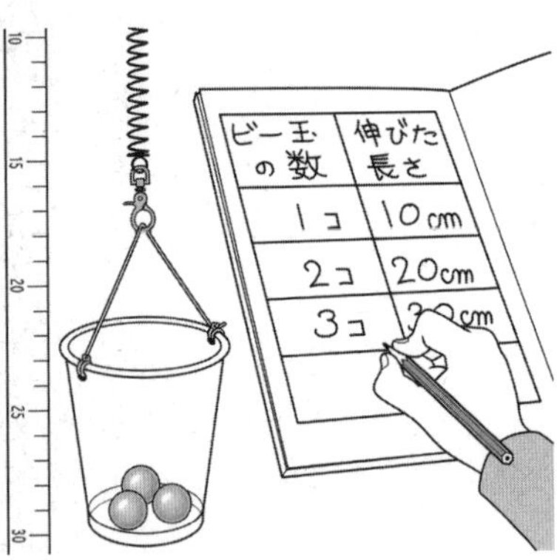

⑤ グラフを描こう！

ビー玉が2個、3個……と増えると、1個の時と比べてバネの伸びがおよそ2倍、3倍……と増えただろうか？　実験結果の表からグラフを描くと、ビー玉の重さとバネの伸びが、だいたい比例の関係であることが分かるよ。

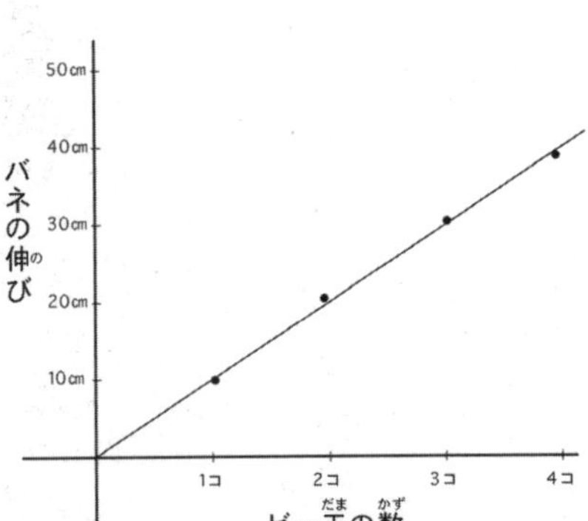

※ビー玉の数が少ない時には、バネの伸びが小さい場合があります。

天びんばかりではかれるもの

物体の"2種類の量"について学ぼう！

重さと質量のちがい

「**質量**」とは、その物体そのものの量のことで、「kg」や「g」という単位で表される。一方、「**重さ**」とは、その物体にはたらく重力の大きさのことで、「kg**重**」や「g**重**」という単位で表される。2つのちがいをくわしく見てみよう。

「質量」は、その物体自体の量なので、地球にいても、無重量の宇宙にいても変わることはない。でも、「重さ」は重力が変化すれば変わってしまうんだ。重力は、地球、月、宇宙空間など、場所によって大きさがちがう。だから、地球上では60kg重の重さの人が、無重量の宇宙に行くと、重さは0kg重になってしまうんだ。

理科では、この「質量」と「重さ」という2つの量を別の量として区別して使うので、覚えておこう。

地球では、質量60kgの人の重さは60kg重。

無重量では、質量60kgの人の重さは0kg重。

天びんばかりの使い方

上皿てんびんは同じ長さの腕の先に皿がある。何ものせない時、腕を水平につり合わせてあるよ。

片方の皿には、はかりたい物体をのせ、反対の皿には質量が分かっている**分銅**というおもりをのせていく。天びんがつり合ったところで分銅の質量を合計すると、物体の質量が求められるんだよ。

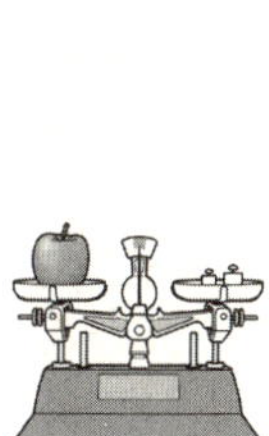

物体とつり合うまで、分銅をのせていくんだ。

月で体重をはかるには

バネを利用した体重計は、からだの重さによってバネが押し縮められることで体重をはかっている。つまり、体重計ではかっているのは〝重さ〟だ（だけど日常的には、質量の単位である「kg」を使って重さを表しているよ）。

ところで、月では重力が地球の6分の1になる。だから、地球で体重が60kgの人が月で体重計にのると、目盛りは10kgを指す。でも、月に行っても、この人自身の質量は減ってはいないよね。では、どうしたら月で質量を正確にはかることができるんだろう？

ここで役に立つのが天びんだ。質量が60kgの分銅も、月では重さが10kg重になる。だから、体重が60kgの人とつり合うために必要な分銅の質量は、やはり60kg分なんだ。

つまり、天びんは質量をはかるための道具だ。だから天びんがあれば、月とは反対に重力がとても大きい星に行ったとしても、質量をはかることができるんだよ。

地球で体重60kg重の人が、月で体重をはかると10kg重になる。

天びんを使えば、月でも60kgの分銅とつり合う。

国際キログラム原器

世界中で正確に1kgをはかれるようにつくられたのが、「国際キログラム原器」という1kgの金属の塊だ。フランスの国際度量衡局で保管されているよ。でも最近は、世界中の科学者たちが会議を開き、キログラム原器に代わる新しい1kgの基準を決めようとしているんだ。

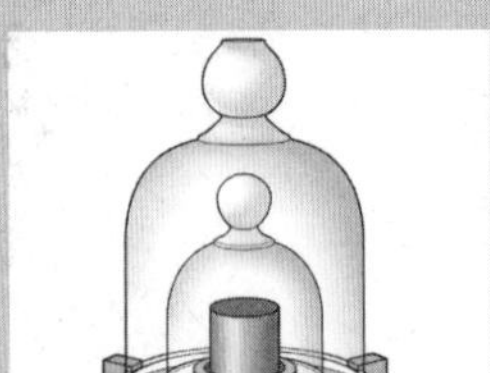

ケースに入れて保管されている「国際キログラム原器」。

アリの体重をはかろう！

軽いものの重さをはかれる天びんをつくってみよう！

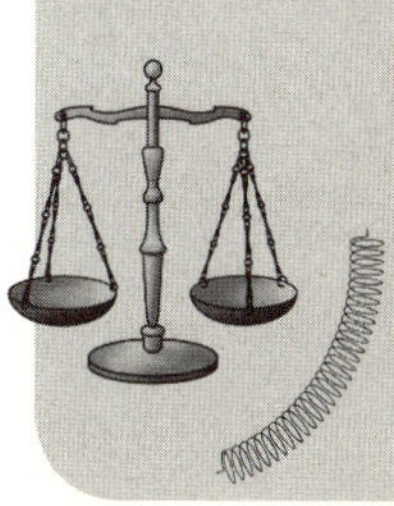

用意するもの

- ティッシュペーパー
- キッチンばかり
- まち針
- 割りばし
- 画びょう
- はさみ
- セロハンテープ
- ノートとえんぴつ
- プラスチック容器
- 定規
- 大きめのアリ
- 角材（長さ90㎝、厚さ1㎜、幅5㎜）

① アリを捕まえよう

公園などで、大きめのアリを捕まえよう。実験が終わったら元の場所に帰せるように、捕まえた場所を覚えておこう。捕まえたアリは、ふたができるプラスチック容器に入れて持ち帰る。容器ごと冷蔵庫で冷やすと動きがにぶくなるので、実験がやりやすくなるよ。

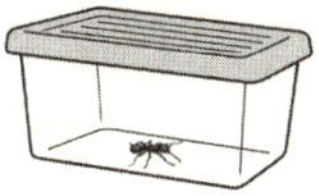

② ティッシュの重さをはかる

ティッシュペーパーを何枚か重ねてキッチンばかりで重さをはかり、わり算で1枚の重さを求めよう。例えば2枚重ねのティッシュ4枚で5g重だった場合、ティッシュは全部で8枚だから、1枚当たりの重さは0・625g重だ。

③ ティッシュを100等分する

2枚重ねのティッシュをはがして1枚にする。さらにその1枚に、たてと横が10等分になるように、先を丸くしたえんぴつと定規を使って印をつける。印にそって切り、4～5枚のかけらを用意しよう。

このかけら1つはティッシュの100分の1の大きさだから、かけら1枚の重さはティッシュ1枚の重さの100分の1で0・0025g重となる。

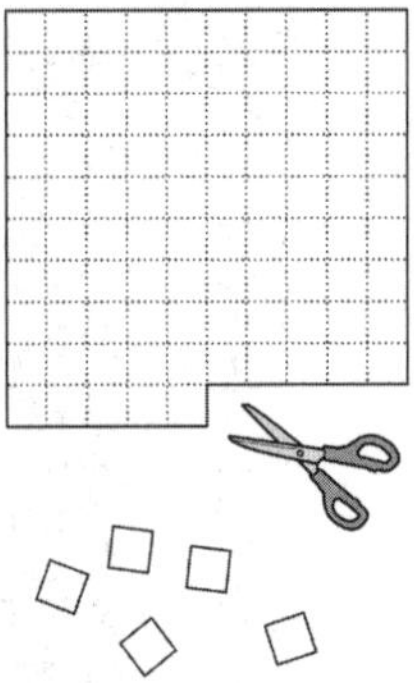

④ 天びんばかりをつくる

角材の真ん中に画びょうで穴を開け、その穴にまち針を通して割りばしにさす。そして、割りばしを机の端などにセロハンテープではりつければ、天びんの完成だ。

天びんが水平にならない時は、上がっている方の端にセロハンテープを少しだけはって、水平になるように調整しよう。

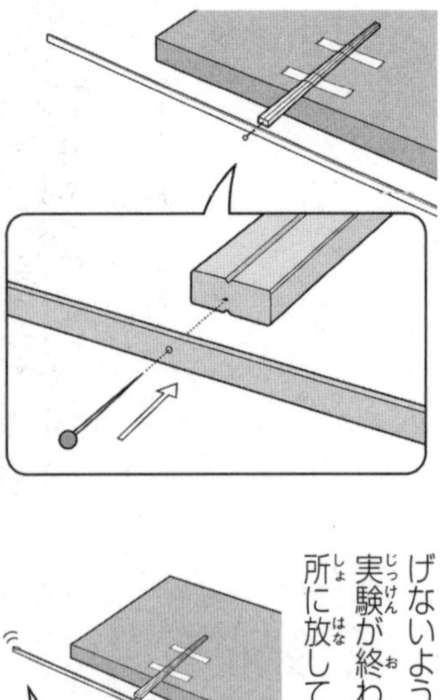

⑤ アリの体重をはかる

冷蔵庫からアリをとり出し、天びんの端にのせる。反対の端に、ティッシュのかけらをのせてゆき、つり合った時の枚数をノートに記録する。2枚でつり合ったら、アリの体重は約0・0125g重だということが分かるよね。

なお、冷蔵庫から出したアリは、温まると動きが速くなるので、逃げないように気をつけよう。また、実験が終わったら、アリを元の場所に放してあげてね。

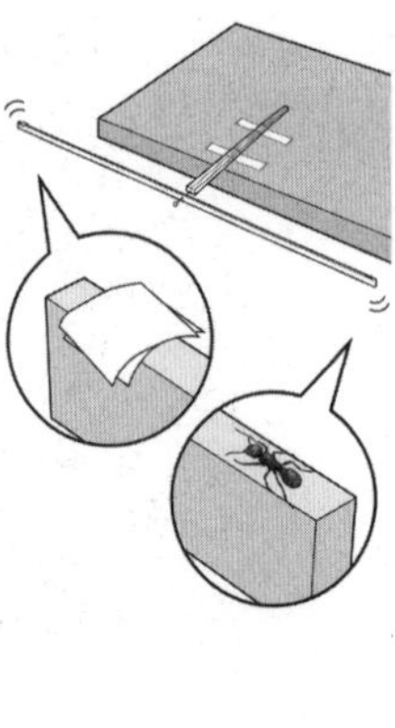

てこの原理

長さを利用すれば、大きな力が得られるんだよ！

小さな力が大きな力に!!

板に打ちつけたくぎは、手ではなかなか抜くことができない。でも、くぎ抜きを使えば簡単に抜ける。なぜなら、くぎ抜きには**てこの原理**が使われているからだ。

てこの原理は、力がはたらく**作用点**と、回転の中心になる**支点**と、力を加える**力点**との距離が関係している。支点から力点までの距離を長く、逆に支点から作用点までの距離を短くすると、力点で加えた小さな力が作用点では大きな力に変わってはたらくんだよ。

くぎ抜きで見るてこの原理

くぎ抜きは、板につく支点から、くぎをはさむ作用点までの距離に比べて、支点から、力を加える力点までの距離が長いので、簡単にくぎが抜ける。

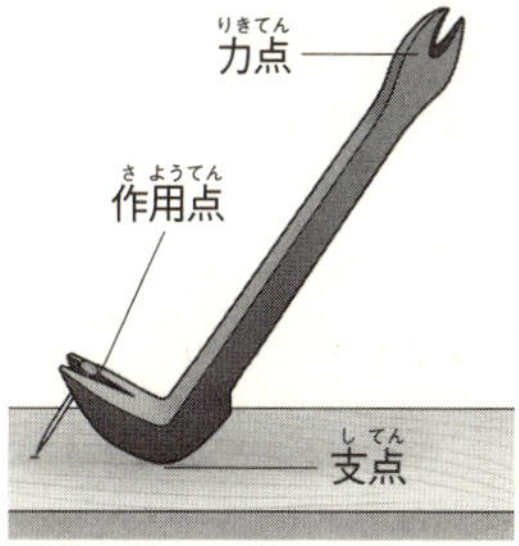

力点で加えた小さな力が、作用点では大きな力になる。

てこの原理を利用した道具

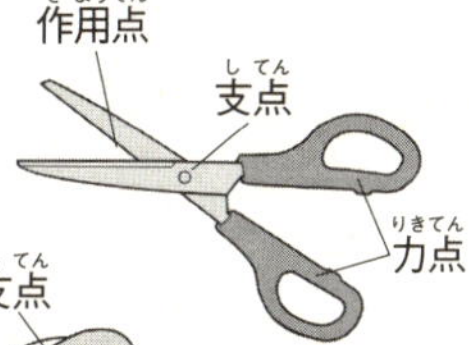

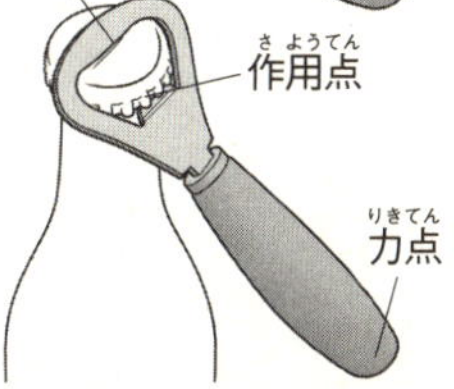

身の周りには、てこの原理を利用した道具がたくさんある。はさみ、せん抜きなどは支点から力点までの距離が、支点から作用点までの距離よりも長い。小さな力を大きな力に変える工夫なんだね。

モーメント～距離と力の関係～

てこの原理を、もう少しくわしく見てみよう。

支点を中心に、回転させるはたらきのことを**モーメント**という量で表す。モーメントには、**時計回りと反時計回り**の2つの向きがあり、その大きさは、支点から力がかかる点までの距離と、力の大きさをかけて求められるよ。だから、支点からの距離が長い所に加えた小さな力は、支点からの距離が近い所では大きな力に変わるんだ。

この原理は、大きな力を小さくしたい時にも応用できる。例えばピンセットは、支点（端のくっついている部分）から作用点までの距離を、支点から力点までの距離よりも長くすることで、大きな力を小さな力に変えて、細かい作業ができるようにしているんだ。

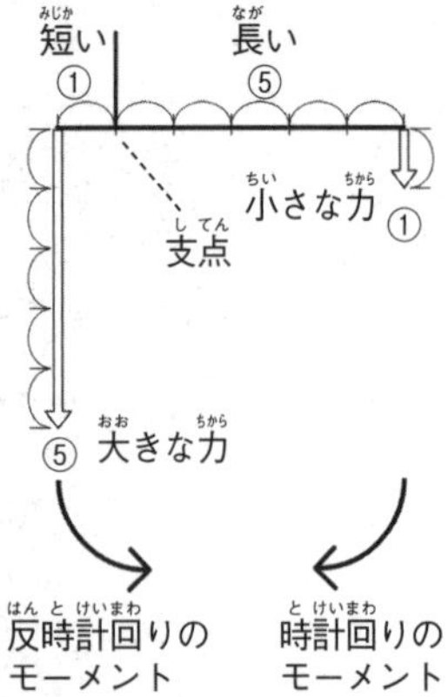

時計回りのモーメントは、力は小さいけれど、支点からの距離が5倍と長い。反時計回りのモーメントは、支点からの距離は短いけれど、力が5倍と大きい。モーメントの大きさは、距離と力の大きさをかけ合わせたものなので、2つのモーメントの大きさは等しくつり合っているよ。

ペットボトルでモーメントを体感!!

友だちと、ペットボトルの太い方と細い方をそれぞれ持って、反対方向に回し合ってみよう。太い方を持っている人の方が楽に回せるよ。これは、同じ力であれば、回転軸からの距離が長い方がモーメントが大きくなるからなんだ。

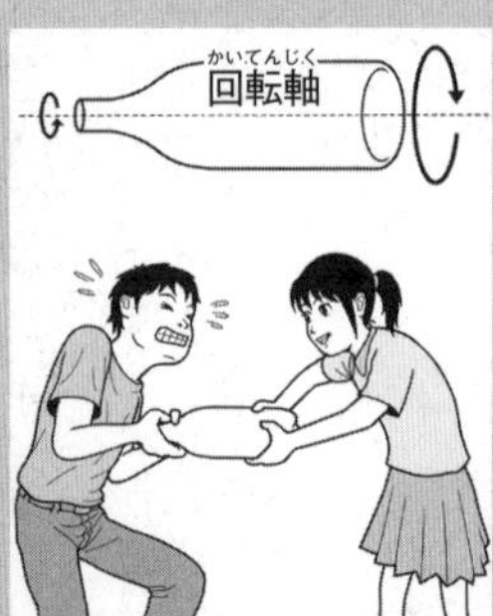

いろいろな“力”

力には、どんな特徴があるんだろう？

近接力と遠隔力

力には、触っている点にはたらく近接力と、離れていてもはたらく遠隔力という2種類がある。

スポンジをギュッとにぎったり、ボールを持ったり、バネを押し縮めたりするような力は、すべて触っていなければはたらかない。つまり、近接力ということがいえる。ほとんどの力は、この近接力だ。

一方、磁石の力や静電気の力、そして重力は、触っていなくてもはたらく力、つまり遠隔力だよ。

近接力の例

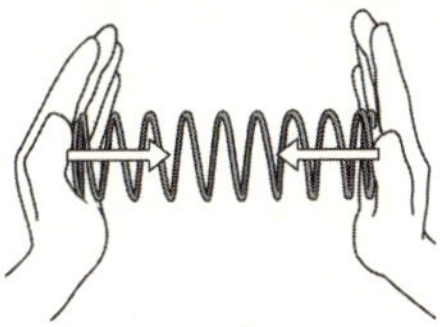

バネを押し縮める力は、手が触っている点にはたらいているよ。

“力”は矢印で表す!!

力には、向きと大きさがある。そこで、力を図に表す時には、力の向きを矢印の向きで、力の大きさを矢印の長さで表すんだ。

←● 左向きの小さい力

●――――→ 右向きの大きい力

遠隔力はこの3つ！

重力

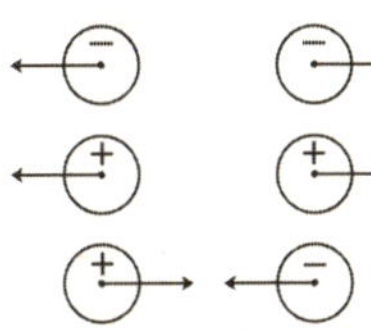

静電気の力

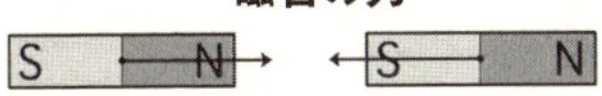

磁石の力

力の分解と合成

重い荷物を運ぶ時、2人で持てば小さな力で済む。これは、1つの大きな力（重さ）を2つに分けることができるからだ。このように、力は**分解**することができるよ。
反対に、2つ以上の力を合わせることもできる。これを力の**合成**と呼ぶよ。例えば、うしろから左右の肩を斜めに押されると、真っ直ぐ前に進むことがある。これは、2つの力が合わさって、1つの力としてはたらくからなんだ。

力の合成を体感!!

左うしろの人が右斜め前に肩を押すと、押された人は右前に動く（①）。右うしろの人が左斜め前に押すと、からだは左前に動く（②）。でも2人同時に同じ大きさの力で押すと力が合わさり、からだは前に動くよ（③）。

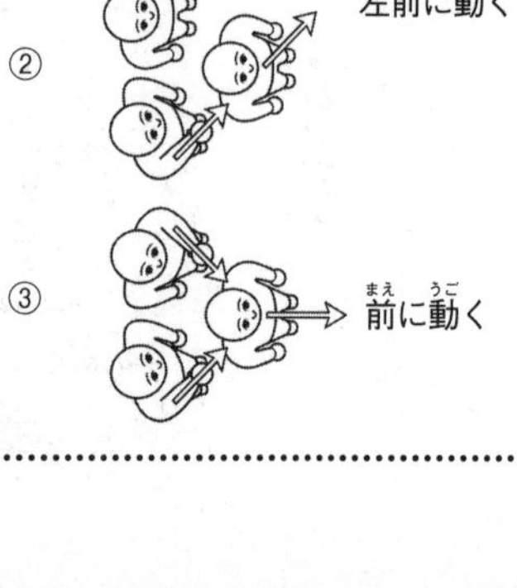

力の分解を体感!!

スーパーの買い物袋を2人で持てば、それぞれが持つ力は小さくて済む。腕が真っ直ぐになるように2人ができるだけ近づいて、加える力が真っ直ぐ上向きになるように持てば、買い物袋を持つ力は半分で済むんだよ。

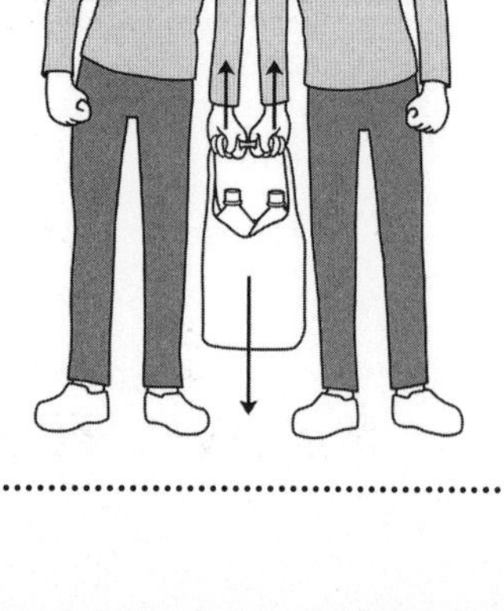

ものを引き止める摩さつ力

「摩さつ力」の正体をつきとめよう!!

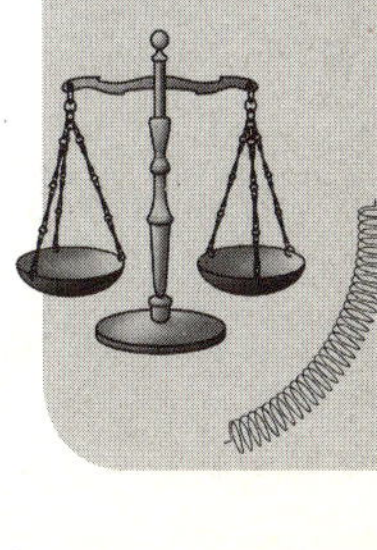

摩さつ力って何だろう?

机の上に置いた重い本を、小さな力で押しても動かない。これは、本と机のあいだに、本を引き止めようとする**摩さつ力**がはたらいているためだ。物体を動かすためには、摩さつ力よりも大きな力を加えなければならない。本の場合も、押す力を大きくしていけば、やがて本は動き出すよね。

摩さつ力の大きさは、机や本などの素材によって変わる。また、2つの面が押し合う力（**垂直抗力**）の大きさによっても変わるよ。

本を重ねると摩さつ力が増える!!

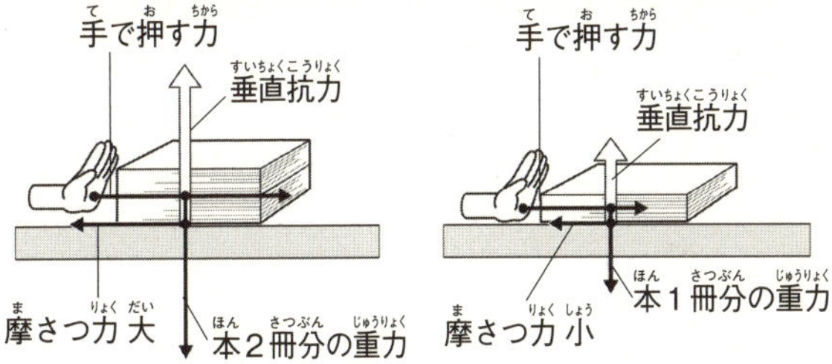

すべり止めつき軍手で摩さつ力を減らせ!!

ゴムつきの面を上向き、反対側を下向きにして敷くと摩さつ力が減り、重い家具が楽に動かせるよ。

2つの摩さつ力

同じ物体でも、止まっている時にはたらく摩さつ力（**静止摩さつ力**）と、動いている時にはたらく摩さつ力（**動摩さつ力**）の大きさはちがう。静止摩さつ力の方が動摩さつ力よりも大きいため、止まっている物体を動かすためには、大きな力を加えなければならない。けれど、一度動き出してしまえば、小さな力でも動かし続けることができるんだ。

例えば自転車の場合、こぎはじめはペダルが重く感じられる（①）。けれど、いったん自転車が動き出せば楽にこげるよね（②）。

一方、動いている物体には動摩さつ力がはたらくから、自転車の場合も、こぎ続けなければいつかは止まる。同様に、自転車のブレーキも動摩さつ力によって自転車の動きを止めているんだよ。

自転車のブレーキなど、摩さつ力によって物体が止まる時には熱が発生する。マッチをこすると火がつくのも、摩さつによって熱が発生するためなんだ。

①

②

物体が動き出す時の静止摩さつ力の方が、動摩さつ力よりも大きい。

もしも摩さつ力がなかったら?

摩さつ力がなければ、ものを持とうとしても、すべって持つことができない。岩や土も摩さつ力でその場所にとどまっているから、摩さつ力がなくなれば山などもすべてくずれ、地球上にはでこぼこがなくなってしまうだろう。

雑誌を重ねて、ぶら下がろう！

雑誌を使って、摩さつ力の大きさを確かめてみよう！

用意するもの

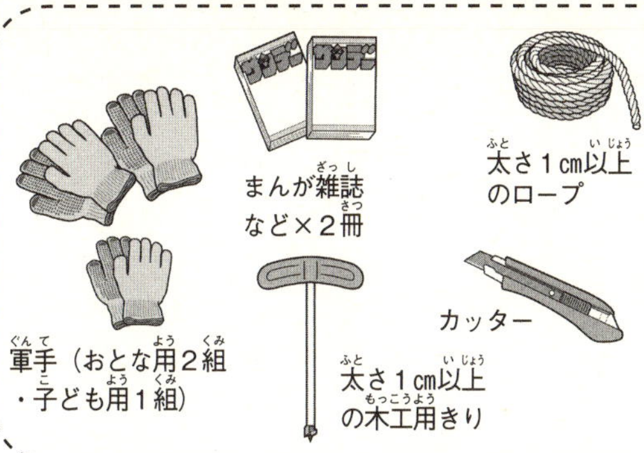

- 軍手（おとな用２組・子ども用１組）
- まんが雑誌など×２冊
- 太さ１㎝以上の木工用きり
- 太さ１㎝以上のロープ
- カッター

① 雑誌に穴を開ける

木工用きりを使って、雑誌の背表紙の近くに穴を2か所開ける。雑誌の下に、いらないダンボールや板などを当てて、机や床がキズつかないように気をつけよう。また、きりを使う時は、ケガに十分注意しよう。もう1冊も同様に。

② 穴にひもを通す

きりで開けた2冊の雑誌の穴それぞれにロープを通す。輪っかの部分2つを手で持つことになるので、長さを調節して、はずれないようにしっかり結ぼう。余ったロープはカッターで切り落とす。ケガをしないよう十分注意しよう。

③ 雑誌のページを重ねる

2冊の雑誌を向かい合わせにして、1ページずつ交互に重ね合わせていく（できるだけ、重なる部分が大きくなるように！）。雑誌の真ん中のページからうしろへ、それが終わったら、真ん中から前へ重ねていくと、平らになるよ。

もし外側のページがはずれてしまうようなら、輪ゴムをかけたり、セロハンテープでとめたりすると、はずれにくくなるよ。

④ おとなの人に持ってもらう

2人のおとなの人に軍手をしてもらい、片側のロープの結び目のあたりをしっかり持ってもらう。きみも軍手をはめたら、ロープの輪にぶら下がってみよう（※）。

文庫本やメモ帳など、いろいろな紙質や大きさの紙を重ねてみたら、結果はどのように変わるだろうか？　ケガをしないように注意しながら、ペットボトルなどのおもりをぶら下げて試してね！

どうして雑誌ははずれないの？

ページを重ねただけなのに、2冊の雑誌はなぜ、きみの体重を支えることができたのだろう？　これは、実は摩さつ力のおかげなんだ。

2枚の紙を重ねると、紙と紙のあいだに摩さつ力がはたらく。2枚の紙だけだと摩さつ力は小さいけれど、たくさんの紙を重ねれば、摩さつ力はとても大きくなるんだ。しかも、重なりあった面積が大きいほど、摩さつ力も大きくなる。だからこの実験では、ページが重なる部分をできるだけ大きくしたんだよ。

※おとなの方へ…重ねた雑誌がはずれた場合にケガをしないよう、あまり高く持ち上げないでください。

『慣性の法則』って何だろう？

科学者のニュートンが発見した法則を紹介するよ！

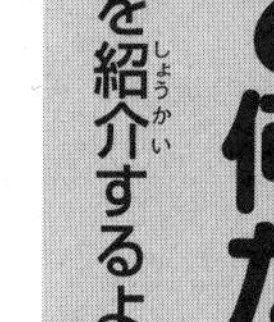

慣性とは？

電車が止まる時、つり革は進行方向に動く。これは、つり革が持つ「**運動の状態を続けようとする性質**」のために、急には止まれないからだ。この性質を**慣性**と呼ぶんだよ。

力を加えなければ、物体の運動の状態は変化しないことを発見したのは、イギリスの科学者**ニュートン**だ。止まっているものは止まり続け、動いているものはその時の速さで真っ直ぐに進み続ける。これを**慣性の法則**というよ。

止まっているものは止まったままに

だるま落としは、たたいた所以外はそのまま止まり続ける。

動いているものは動き続ける

カーリングのストーンは慣性によって真っ直ぐ進み続ける。

CDでエアホッケー!!

不要なCDの穴をテープでふさぐと、CDと机のあいだに薄い空気の層をつくることができる。すると、CDと机のあいだの摩さつ力が減るので、エアホッケーができるよ。

用意するもの

- ダンボール
- 粘着テープ×2
- はさみ
- セロハンテープ
- 不要なCD

質量が大きいと慣性も大きい

質量が小さなものならば、動いていても、小さな力を加えるだけで止めることができる。しかし、質量が大きなものが動いている場合、止めるのは大変だ。これは、質量が大きなものほど、動き続けようとする慣性が大きいからだ。**慣性の大きさは、質量の大きさに比例する。**例えば、トラックに多くの荷物を積めば積むほど質量が大きくなるため、慣性も大きくなって、ブレーキを踏んでもなかなか止まらなくなってしまう。だから安全のため、トラックの荷台には、決められた量よりも多くの荷物を積むことは、法律で禁止されているんだよ。

重い荷を積んだリヤカーは質量が大きい。だから、動かすのも止めるのも大変だ（※危ないのでマネしないでね！）。

①CDの穴をふさぐ

セロハンテープで、表裏両方の穴をふさぐ。

②リンクを用意する

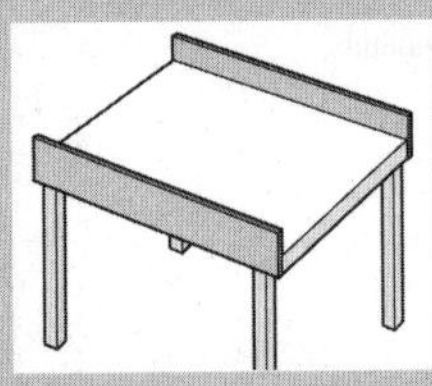

切ったダンボールをテーブルのふちにはる。

③遊んでみよう！

粘着テープを使って、CDを打ち合おう！

作用と反作用

力はいつも、作用と反作用のペアではたらくよ！

押した分だけ押し返される

アイススケートのくつをはいてスケートリンクに立ち、壁を押すと、壁とは反対側にからだが動く。これは、押した人のからだが壁から押し返されるからだ。強く押せば強く押し返されるし、弱く押せば弱く押し返される。つまり、壁を押した分だけ、押した人のからだが押し返されるんだよ。

このように、力を加えると、同じ大きさで反対向きの力が返ってくる。理科では、はじめに加える力を**作用**、返ってくる力を**反作用**と呼ぶ。作用と反作用は必ずペアではたらく、というのが**作用反作用の法則**だ。アイススケートの場合でいうと、壁を押す力が作用で、壁から押し返される力が反作用だよ。きみも、身の周りにある力の作用と反作用を探してみよう！

作用と反作用を体感しよう!!

友だちと2人でローラースケートをはき、相手を押すと、2人ともうしろに進むよ。

転んでケガをしないように、そっと押してね。

遠隔力にも反作用がある

重力とは、地球が物体を引く力のこと。50ページの『いろいろな"力"』でも説明した通り、重力は、離れていてもはたらく遠隔力の1つだ。では、遠隔力である重力に、反作用はあるのだろうか?

地球上にいる人間には、常に重力がかかっている。この重力は、「地球が人間を引く力」と言い換えることができるんだ。そして、この力の反作用は、「人間が地球を引く力」だ。

地球に比べて人間は小さいから、「人間が地球を引いている」とは気づかないけれど、反作用はちゃんと存在するんだ。重力以外の遠隔力である静電気力や磁力にも、反作用は必ずあるよ。

磁石とクリップの作用と反作用

クリップに磁石を近づけると、クリップが磁石に飛びつくので「磁石がクリップを引く力（作用）」を確かめられる。同様に、磁石にクリップを近づけると「クリップが磁石を引く力（反作用）」もあることが分かるよ。

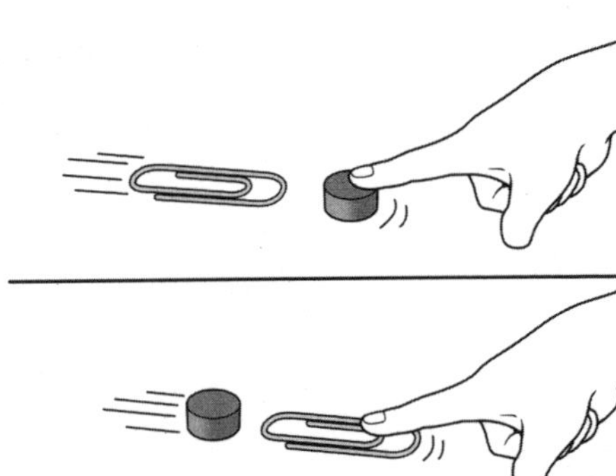

風船と空気の作用と反作用

ふくらませた風船の口を結ばずに手を放すと、中から空気を出しながら、風船が飛んでいく。この現象も作用反作用によるものだ。風船が空気を押し出すこと（作用）によって、空気が風船を押している（反作用）んだよ。

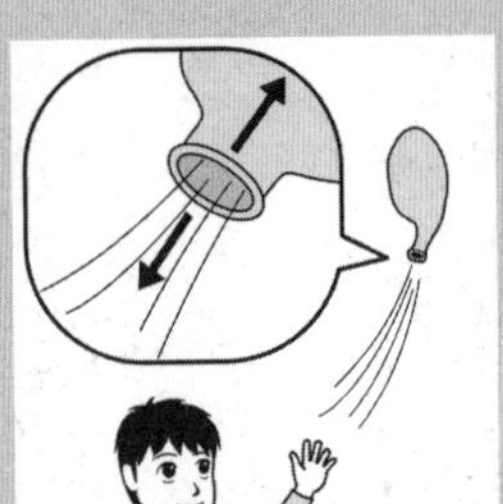

力と動きクイズ ～パート1～

コナンからのクイズに挑戦！
きみは何問正解できるかな？

Quiz 1

次の物体の中で、弾性があるものをすべて選んでね。

①ゴム
②スポンジ
③ガラス
④鉄

Quiz 2

次の文章の中で、まちがっているものはどれ？

①バネにつけるおもりの質量を2倍にすると、バネの伸びる長さも2倍になる
②月では質量が6分の1になる
③てこの原理を使えば、小さな力を大きな力に変えられる

Quiz 3

てこの原理を利用しているものはどれ？

①消しゴム
②えんぴつ
③はさみ

Quiz 4

離れていてもはたらく力をすべて選んでね。

①重力
②磁力
③摩さつ力

Quiz 5

次の文章の中で、正しいものをすべて選んでね。

①力を加えなければ、動いているものはやがて止まる
②力を加えなければ、止まっているものは止まったまま
③質量が大きいものは、慣性が小さい

Quiz 6

次の文章の中で、まちがっているのはどれ？

①磁力などの遠隔力には、反作用はない
②壁を押す力の反作用は、壁が押し返す力だ
③口をしばらない風船が飛んでいくのは、空気を押し出した分、空気に風船が押されるからだ

力と動きクイズ ～パート１～の答え

まちがえた問題は、コラムを読み直してからもう一度挑戦してね！

Answer 1

正解は、①～④のすべて

ガラスや鉄など、かたいものにも弾性はあるんだ。まちがえた人は、36～38ページをもう一度読もう！

▶P.36～38

Answer 2

正解は、②の文章

月では、重力が地球の約６分の１になるので、重さは約６分の１になる。けれど、質量は変わらないよ。まちがえた人は、44～45ページをもう一度読もう！

▶P.44～45

Answer 3

正解は、③はさみ

てこの原理を利用したものには、ほかにもくぎ抜きやせん抜きなどがあるよ。まちがえた人は、48～49ページをもう一度読もう！

▶P.48～49

Answer 4

正解は、①重力と②磁力

離れていてもはたらく力（遠隔力）には、上の2つのほかに静電気力があるよ。まちがえた人は、50～51ページをもう一度読もう！

▶P.50～51

Answer 5

正解は、②の文章

動いているものは、力を加えなければ、そのままの速さで真っ直ぐ進み続ける。また、質量が大きいものは、慣性も大きいよ。まちがえた人は、56～57ページをもう一度読もう！

▶P.56～57

Answer 6

正解は、①の文章

磁力などの遠隔力にも反作用はあるよ。まちがえた人は、58～59ページをもう一度読もう！

▶P.58～59

FILE 2

米花ランドで大騒動!!

美術館で展示中だった大粒のルビー「赤いフェニックス」が盗まれた!! 警察の包囲網から逃れるため、窃盗団はルビーを〝あるもの〟に隠すが……。

ファン ファン
ファン ファン
サツが来るのは時間の問題だ。
ボス！この倉庫、カギがかかってません!!
！
おい新入り！お前のせいでしくじったぞ!!
生かしておくわけにはいかないな。
!!
チャ
ちょっ……マジかよ!?

2

おい！この一帯を封鎖するぞ。
ちっ。
ボス、宝石はここに隠しましょう。
ほとぼりが冷めたらとりに来るか……。
各自あやしまれないように脱出しろ。
また連絡する!!
ファン ファン ファン

……。
高木くーん、こっちよ!!
どうかしたの?
いや別に。
ただ、いつも邪魔が入るんだよなぁ。
あーっ、高木刑事だ!!
やっぱり。

※フロート（あるいはフロート車）とは、飾りつけされた乗りものや台車のことで、パレードなどで使用されます。

すごいじゃない！
あら、どうしたの高木くん？
……。
あ、当たってしまいました。
ハハハハ。
当選した方は、これから簡単な練習をしますので集合してください。
バックステージ（楽屋裏）
じゃあみなさん、私のマネをしてください。
イチ、ニー、サン、ハイッ。
ふぁ～ぁ
練習、だり～な。
おっ。

おーっ。
すげー!!
ポロッ
うわっ。
これ……どーしよー。
みなさん、集まってくださーい。
サッ
ガヤガヤ
ワイワイ
そういえば、この前の宝石泥棒は捕まったの?
窃盗団は『ディンゴ』って一味らしいの……。
一味の1人を捕まえたんだけど、そいつは新入りで何も知らなくてね。
自白を元に手がかりを捜査中なんだけど、盗まれたルビーもまだ見つかってないのよ。

7

おっ。はじまるようじゃ。
チャラララ
パッ
パッ
パ
ワー
ワー
ワー
なかなかやるわね！
パンパカ
あははは は!!
チャラララララ
それに比べて、あのダンサーはひどいわね。
プロのくせに練習不足って感じだな。
ギュッ
ジャ～～ン
ワー
ワー
ワー
パチ
パチ
パチ パチ パチ
パチ
パチ

8

おもしろかったー。
貴重な体験でしたね。
あ、ああ。
あのー、すみません。
私、雑誌の編集をしています亀山という者です。
パレードで踊ってたのを見かけたんですが、よかったら取材させてもらえませんか?
すみません、ぼくたちはちょっと……。
きみたちだけでも、どう?

いいよね、博士?
うむ、OKじゃ。
どうもありがとう。次はリニューアルしたおばけ屋敷を体験して、その感想を聞かせてもらえないかな?
GAME
さて、おばけ屋敷は全員一緒だとおもしろくないから……。
おばけ屋

10

まずは2人が入って、
次は3人…、
最後にきみたち!!
それじゃレッツゴー!!
じゃあ、5分おきくらいに次のグループが入るようにしましょうか。
私は出口で待ってます。
わしらも行くか。
へいへい。
おばけ屋敷
まったく……全然リアルじゃないわね。

11

よ、よし！
おれたちも
行くぞ。
おばけ屋敷
うーむ。
捕まえた新入りは、
犯人一味の名前も顔も
知らんのだな？
はい。
犯人の一味は
常にマスクをして
いたそうで……。
自供に出てきた
倉庫も調べて
みたのですが、
宝石の隠し場所に
したフロートはすでに、
遊園地に運ばれて
しまったようです。
よし、
米花ランドに
連絡しろ！
非番の佐藤と
高木にもだ!!

12

……ええ、偶然ですが
米花ランドに来ています。
高木くん、5周年のフロートに盗まれたルビーが!
すぐに確かめましょう。
!
盗まれたルビーがフロートに……!?
あいつ、まさか。
元太!
お前、何かフロートから盗っただろ?
ちょっと触ったらとれちまっただけだよ!
とにかく出てこい。それ、落とすんじゃねーぞ!!

元太くん、何か事件ですか？
緊急事態みたいだから、早く出ようよ。
う……うん。
!?
ポケットの中身を渡してもらおうか。
チャッ
ぐるん
ぐるん
わーっ!!
くそっ。
ダッ
おいっ、お前も早く頭をはずせ！
非常口

14

!!
あいつら何で非常口から……。
やばい!!
元太!これから言う通りにするんだ!!
おうっ。
15
!!
この……!!
ザッ
ザッ

ガコ
わっ。
ガチャ
くっ。
逃げろ!!
ウィーーン
くそーっ!!
よし。
次は…。
タピオカジュース
これ貸して。
これも!
パッ
ビー玉マジックショー

16

※ビー玉の吹き矢はとても危険なので、みんなは絶対にマネしないでね!!

18

19

ま、待て〜。
やったぜ!
ハァ ハァ
もうだいじょうぶかな?
追いかけてこないみたいですね。
やっと見つけた!
くそ、あいつらを見失っちまったぜ。
それにしても、犯人たちはどうして元太がルビーを持ってることが分かったんだ?
元太がルビーを手にしたのは、楽屋裏にいたあの時しかない……。

工藤くん!
クマたちは佐藤刑事が逮捕したわ。
一味のことも分かったわよ。
20
一味の残りはあと2人。
そのうち1人は……。
おじさんも悪いクマたちの仲間なの?
くくく。
おとなしく『赤いフェニックス』を渡すんだ!!
きみたち、こっちよ。
ガサッ
!!

あの踊りがヘタなダンサーさん……。
ヒソヒソ
ヘタは余計よ。
助かったぜ、サンキュー。
ここなら
〝だれにも見つからない〟わ。
おい、今どこだ？
えーっとね、回転ブランコの近くよ。
ダンサーさんが助けてくれたんです！
何!?
そいつも一味だ、逃げろ!!
ええーっ!?
フン、ばれちまったか。

21

何しろダンスがひどかったですからね、ボス。
しかし驚いたよ。まさか宝石をガキに横どりされるとはね。
さあ、宝石を寄こしな。
あそこか！
ここからじゃ走っても間に合わない！
……これだ‼

22

灰原、聞こえるか!?
カチッ
キュンキュン
ダッ
バッ
ブウゥン
危ない!
ガコン
フワッ

工藤くん!!

いっけぇぇ!!
バッ

スタッ
コナンくん！
みんな、無事だったかい!?
これは!?
何か足をすべらせたみたいだよ。

はいこれ。
お手柄だぞ。
少年探偵団の大勝利だな!!
高木くん……佐藤さんと2人、こんなところで何を……?
え。
いやぁ、その……。
おとなのくせして、顔が真っ赤だぞ。
ははは
27

事件も無事に解決!!　次ページからは〝速さ〟などについて学ぼう!!

いろいろなものの速さ

動いているものに注目してみよう!

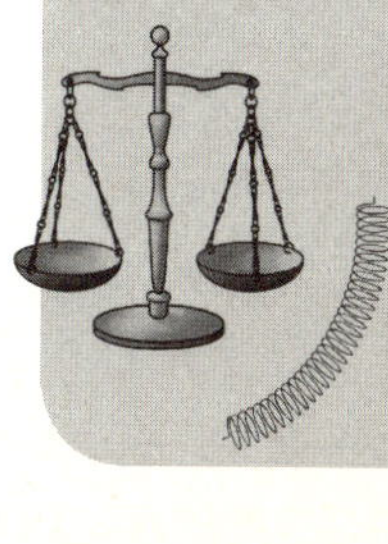

"速さ"とは?

100m走やマラソン、水泳など、スポーツには速さを競う種目がたくさんある。こうした競技では、スタートからゴールまでの距離が決められていて、その距離を移動するのにかかった時間が一番短い人が勝つ。

速さは、移動した距離と、それにかかった時間で決まる。**距離を時間で割ることで、平均の速さを求められる。**例えば100mを10秒で走った場合、100m(距離)を10秒(時間)でわると、この人の速さは秒速10mとなる。自動車や新幹線など移動速度が速い場合は、「時速60km」や「時速300km」というように、1時間で進む距離を単位として表すよ。

$$(\text{速さ}) = \frac{(\text{距離})}{(\text{時間})}$$

家から480m離れた学校まで移動するのに8分かかったとする。この場合、この人の歩く速さは「分速60m」と表すことができるよ。

"速さ"と"速度"のちがい

速さと速度という言葉は、日常生活では同じ意味で使われるけれど、理科では区別するよ。速度には向きも含まれるので、「東向きに時速36km」などと表すんだ。

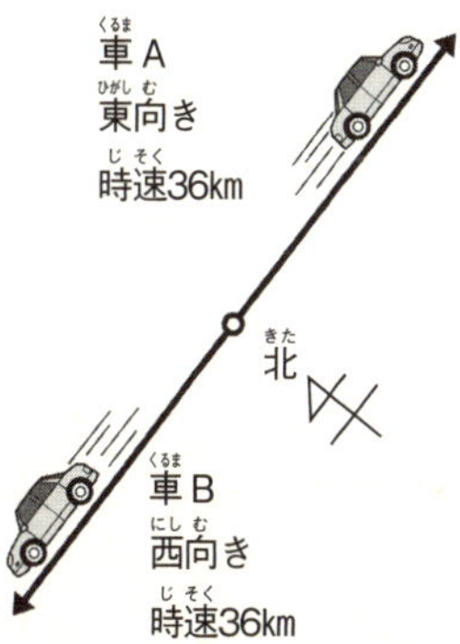

速さ比べをしてみよう!

あらゆる現象の中で、光が一番速く進む（※）。光は、秒速約30万㎞もの速さで伝わるよ。

乗り物の速さを見てみると、例えば戦闘機の最高の速さは秒速約850m（＝時速約3000㎞）で、音速（秒速約340m＝時速約1200㎞）の2・5倍にもなる。リニアモーターカーは時速約500㎞、F-1マシンは時速約330㎞で走ることができるよ。

動物では、最も速いチーターが時速約110㎞、ダチョウは時速約70㎞で走れる。一方、カタツムリの速さは時速6mくらい。人の場合、オリンピックの100m走に出場する選手の速さが時速35㎞くらいだよ。

一番速いのは“光”!!

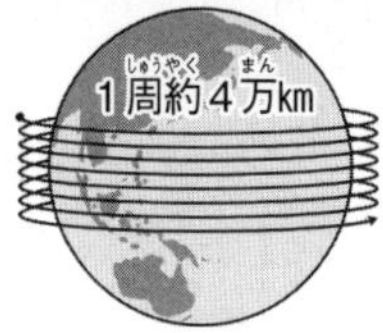

光の速さは秒速約30万㎞。1秒間で、地球を7周半進むことができるほど速いんだ。

地球の自転速度は時速約1670㎞!!

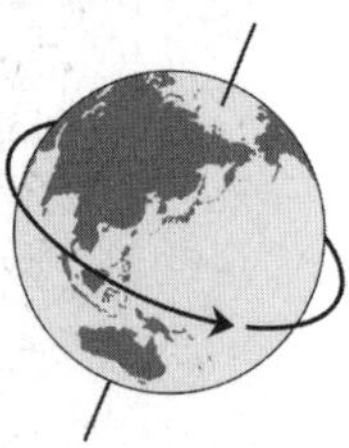

地球は1日1回、自転している。その速さは、赤道付近で時速約1670㎞もあるんだよ。

身近なものの速さ

乗り物や動物の、およその速さを比べてみたよ!!

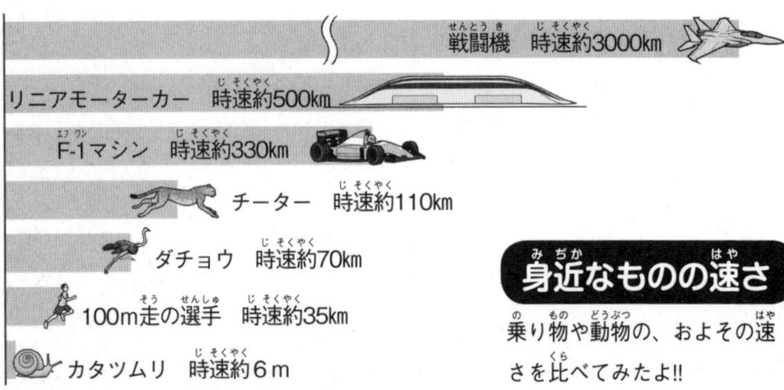

※2011年10月時点での最新研究によると、光よりも速い「素粒子」というものが存在する可能性が発表されています。

きみも速さをはかってみよう

巻尺とストップウオッチを使って、いろいろな速さをはかろう!

速さのはかり方

前のページで学んだように、「移動した距離」を「移動にかかった時間」でわると、速さを求めることができる。だから、距離をはかるための巻尺と、時間をはかるためのストップウオッチや秒針つきの時計があれば、速さを調べることができるんだ。

速さをはかる時は、なるべく5回くり返してはかろう。得られた5つの速さをすべて足してから5でわると、より正確な値が求められるんだよ。

人が走る速さをはかろう!!

①スタートとゴールの目印をつける

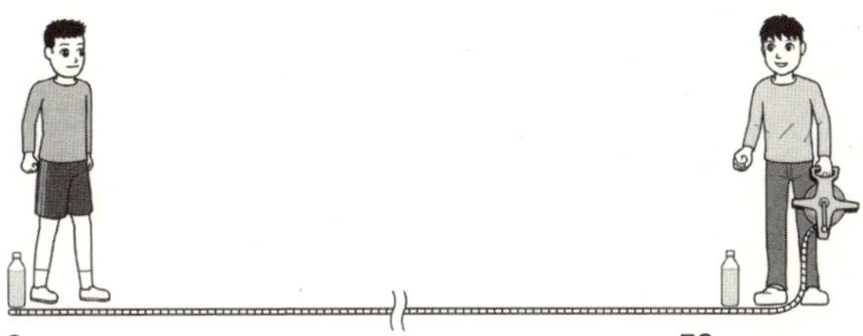

②友だちが走る時間をはかる

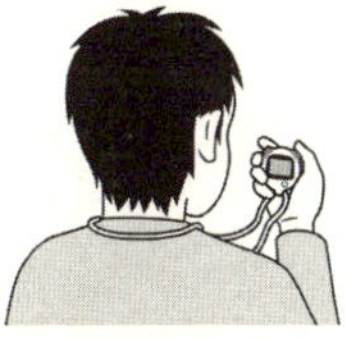

50mの距離をはかって目印を置き、友だちが走った時間をはかって速さを求める。例えば10秒なら50m÷10秒=秒速5m（時速18㎞）だ。

※公園などでは、ほかの人の迷惑にならない安全な場所で速さをはかろう!!

ボールの速さをはかろう!!

10m÷1秒=秒速10m(時速36km)

今度はボールの速さをはかろう。10m離れて立った友だちにキャッチボールをしてもらい、その時間をはかってみよう。

落ち葉の速さをはかろう!!

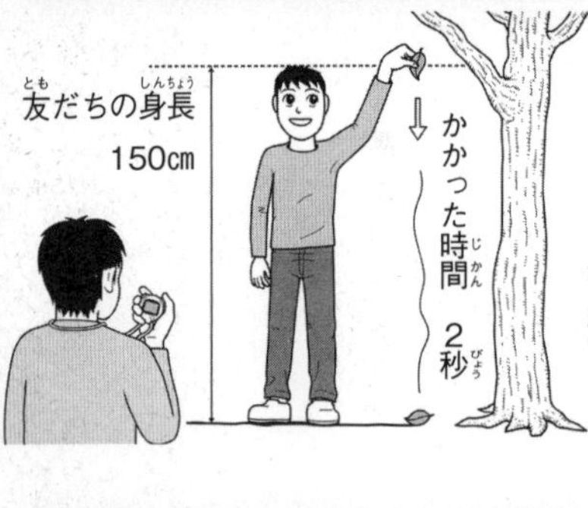

150cm÷2秒=秒速75cm(時速2.7km)

落ち葉の速さを求める時は、友だちに頭の高さから木の葉を落としてもらって、地面まで落ちるのにかかる時間をはかろう。

電車の速さをはかろう!!

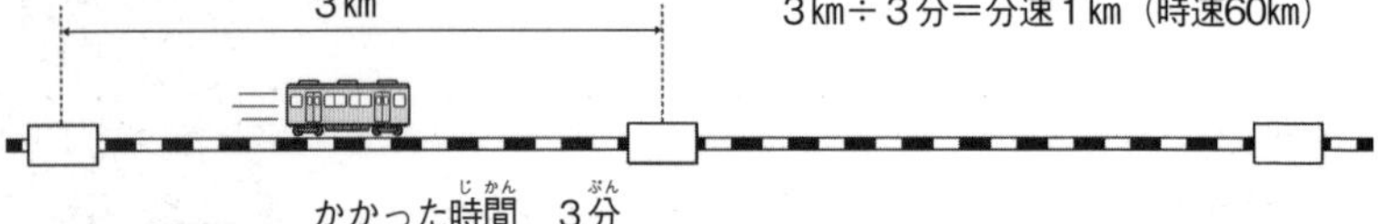

3km÷3分=分速1km(時速60km)

地図で2つの駅のあいだの距離を調べておいて、電車が動き出してから、次の駅で止まるまでの時間をはかってみよう。

速さの変化～加速度～

速さが一定でないものの動きを見てみよう！

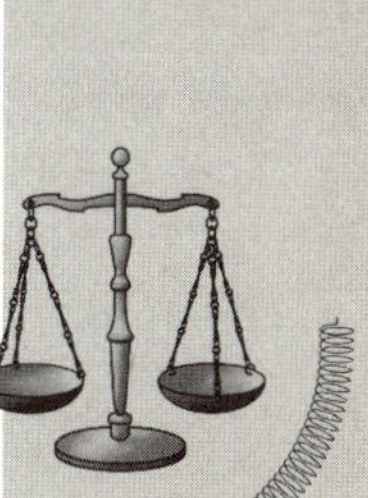

止まっている車が動くには？

「慣性の法則」で学んだように、止まっている物体は、そのままだと慣性で止まり続ける。つまり、止まっている物体を動かすには、力を加えなければならないんだ。

力を加えられた物体は、**加速**といって、だんだん速さが大きくなるよ。車の場合は、力を加えるためにアクセルペダルをふむ。アクセルという名前は、「加速」という意味の「accelerate」という英語からきているんだよ。

力を加えればどんどん加速する

加速について、くわしく見てみよう。例えば、坂道を転がるボールの速さは、どんどん大きくなっていく。これはボールが重力を受け続けているからだ。このように力が加わっているあいだ、物体はどんどん加速していくよ。

一方、平らな地面を転がるボールは、やがて止まる。これは、地面とボールのあいだに摩さつ力がはたらくためだ。摩さつ力は、動く向きとは逆向きにはたらくので、ボールの速さはどんどん遅くなっていく。加速に対して、これを**減速**というよ。

1秒間に、どれくらい速度が変化するかを表す量が加速度だ。「加速度の大きさは、加えた力の大きさに比例し、物体の質量に反比例する」という法則を見つけたのも科学者のニュートンなんだ。

加速度を体感する時

ふだんの生活の中で、速度の変化を感じるのはどんな時だろう?
例えば、電車やバスが動き出す時や止まる時に、よろけてしまった経験はないだろうか。乗り物が止まっている時は乗客も止まっているし、乗り物が一定の速さで動いている時は乗客も乗り物と同じ速さで進んでいる。でも、乗り物が加速や減速をする時に、からだはそれまでの動き(止まっていたら、止まったまま)を続けようとするので、よろけてしまうんだ。
同じように、エレベーターに乗って、上がりはじめる時はからだが床に押しつけられるような感じ、止まる時はからだがフワッと浮くような感じがするはずだよ。

電車で感じる加速度

動き出す時は……。

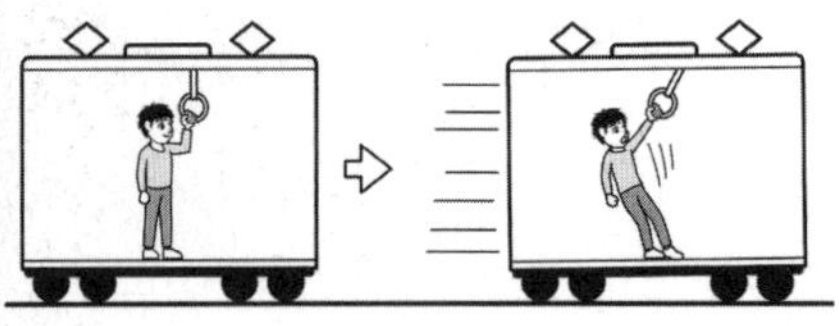

電車が動き出すと、からだは慣性で止まり続けようとするので、からだがとり残されて、のけぞってしまう。

止まる時は……。

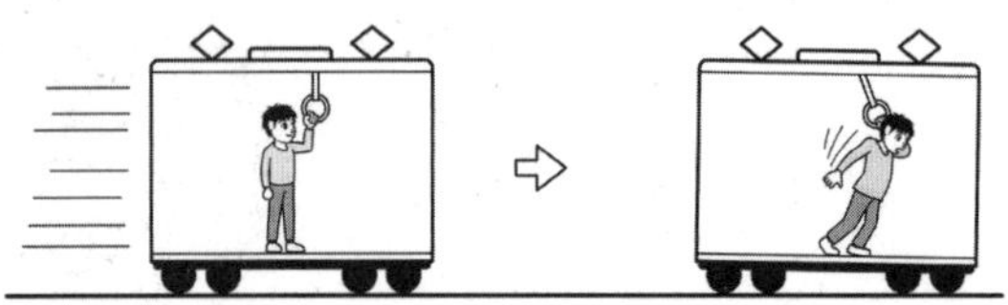

電車が止まろうとすると、からだは慣性で進み続けようとするので、からだが前につんのめってしまう。

速さの変化を確かめよう

重力によって、ビー玉が加速する様子を調べよう!

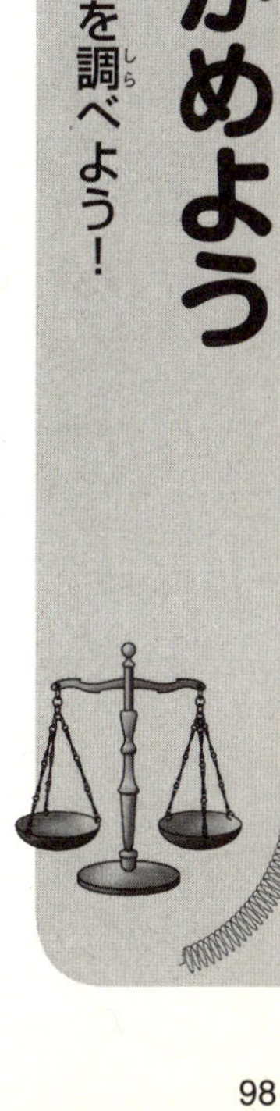

用意するもの

古新聞

ノートとえんぴつ

ビー玉

油性マーカー

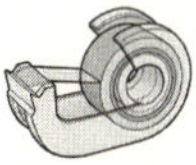
セロハンテープ

かたい配線カバー

ストップウオッチ

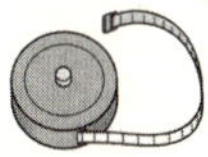
巻尺

① 配線カバーで傾斜をつくる

折りたたんだ古新聞の上に配線カバーの片端をのせ、セロハンテープで固定する。斜面が急だと、ビー玉が転がる速さも大きくなり、転がりきるまでの時間をはかるのが大変なので、ゆるやかな斜面になるようにしよう。

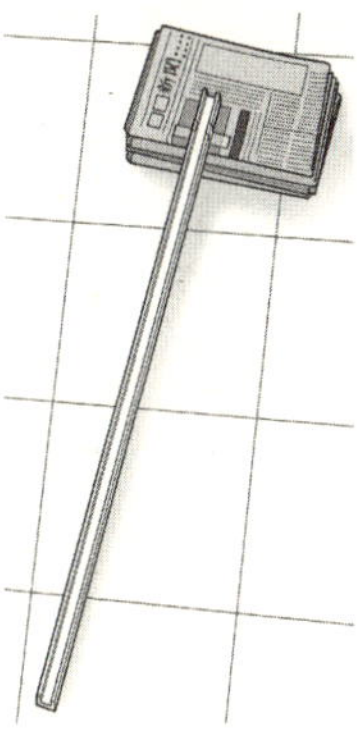

② ビー玉を転がしてみよう

ビー玉を配線カバーの端に置き、そっと手を放して転がす。よく見ると、下に行くほどビー玉が速くなっていくのが分かるかな?
配線カバーがない場合は、長めの机の片方の足の下に古新聞をはさみ、机を少し傾けてみよう。

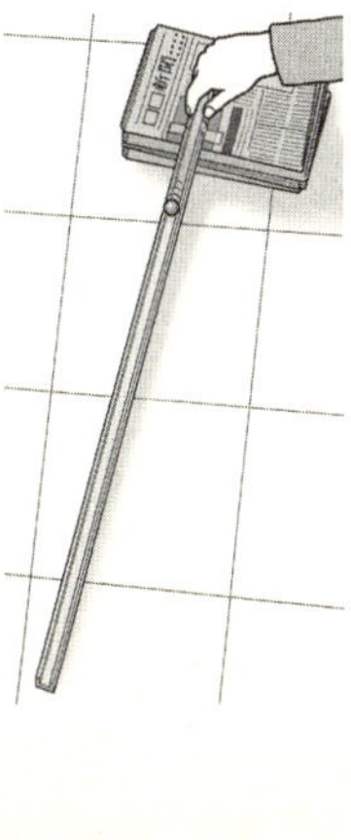

③ 速さを求めてみよう

まず斜面の長さをはかってノートに書く。ビー玉が斜面を転がりきるのにかかった時間をはかったら、これもノートに記録しよう。

次に、斜面の長さを時間でわって、ビー玉の平均の速さを求める。例えば100cmの斜面を転がるのに5秒かかったとしたら、ビー玉の速さは100cmを5秒でわって、秒速20cmとなるよ。

なるべく同じ実験を5回行って、平均の値を出そう。

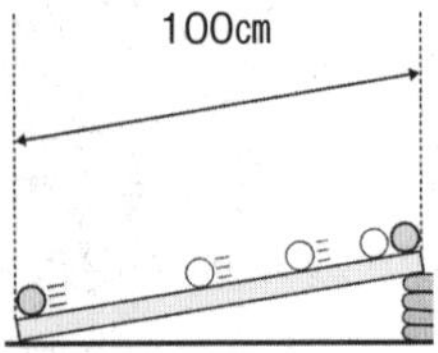

④ 半分の長さでの速さは？

今度は、半分の長さまで転がるのにかかる時間を求めよう。まず配線カバーの真ん中に、油性マーカーで印をつけたら、手順③と同じように印の部分を通過するまでにかかった時間をはかり、ビー玉の平均の速さを求める。例えば、100cmの斜面の半分は50cm。この50cmを転がるのにかかった時間が3・5秒だったとすると、ビー玉の速さは50cmを3・5秒でわるので、秒速約14cmとなる。

もし、一定の速さで斜面を転がっているなら、どこではかっても速さは等しいはずだ。でも、実際に実験してみると、斜面の下まで長い時間転がるほど、速くなることが確かめられる。これは、重力によって加速されるからなんだ。

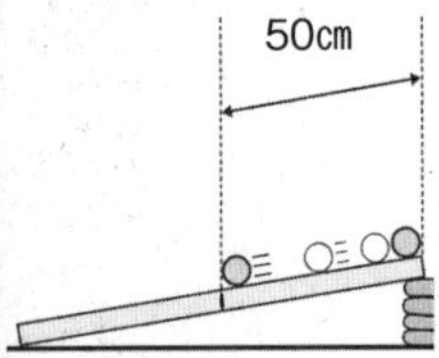

ガリレオの実験

高い所から、斜面を使わずに球を落とすと、落下する速さが大き過ぎて、時間を正確にはかるのは難しい。でも、ここで紹介した実験のように、斜面を使って、転がる球の速さを小さくしてやると、時間をはかりやすくなるよね。このような実験の方法を考え出したのは、イタリアの科学者ガリレオ・ガリレイだ。みんなも、ガリレオの工夫に学んで、頭をきたえよう!!

振り子の不思議

ゆらゆらゆれる振り子は、いろいろな技術に活用されているんだ!!

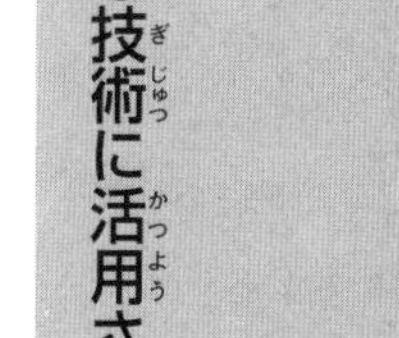

振り子の等時性

16世紀のイタリアの科学者ガリレオ・ガリレイは、教会の天井からつるされた照明がゆれている様子を観察しているうちに、「振り子の周期（1回往復するのにかかる時間）は、振り子の長さによって決まり、おもりの重さにはよらない」ことを発見した。この法則を**振り子の等時性**と呼ぶよ。

まだ時計がなかった時代に、ガリレオは自分の脈拍をはかりながら、照明がゆれる周期をはかったそうだ。そして、ガリレオが発見した振り子の等時性を利用して、振り子時計が発明されたんだ。

振り子の長さが長いほど、振り子の周期は大きくなる。そして、振り子の長さが同じなら、振り子の周期は同じになる。このように、長さによって決まっている「ゆれやすい振動」のことを**固有振動**と呼ぶんだよ。

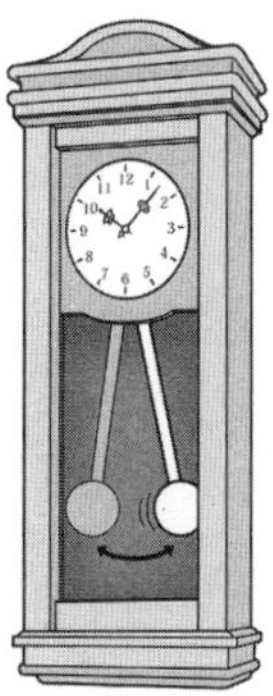

振り子で地震対策

家やビルなどの建物にも固有振動がある。それが地震のゆれと一致すると、建物が大きくゆれ、時には倒れてしまうこともあるんだよ。

地震の多い日本では、昔から地震のゆれに強い建物を建てる技術がみがかれてきた。例えば、お寺の五重塔の中には、「心柱」という振り子がつり下げられている場合があ

振り子の共振

図のように、いろいろな長さの振り子が糸からつり下がっている時、Aの振り子をゆらすと(図①)、やがて同じ長さのDの振り子がゆれはじめる（図②）。これは、固有振動の等しい2つの振り子のあいだでエネルギーがやりとりされる現象で、**共振**と呼ばれるよ。BとCの振り子は、AやDとは長さがちがうので、固有振動も異なる。だから共振は起こらないんだ。

ブランコを例に説明しよう。ブランコに乗った友だちの背中を押す時に、ブランコの固有振動に合わせたタイミングで押せば、ゆれをどんどん大きくできる。これは、友だちの背中を押す手の動きとブランコが共振しているからなんだ。逆に、タイミングを合わせないで押すと、共振が起こらないので、ゆれもあまり大きくならないよ。

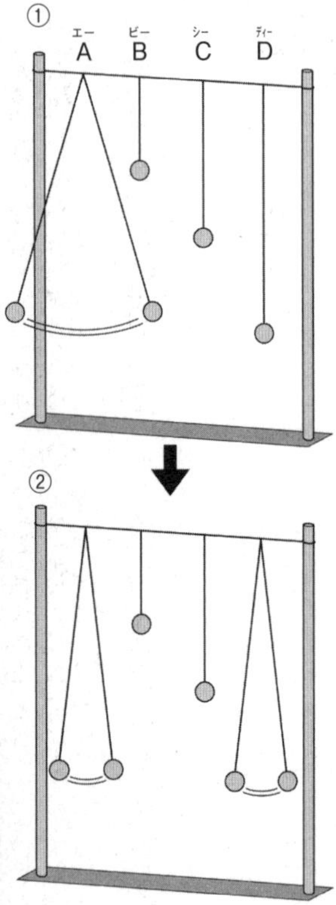

る。心柱は、地震の振動とはちがう振動でゆれて、地震のゆれを吸収する仕組みになっているんだ。

この仕組みは、東京スカイツリーのような、現代の高層建築にも使われているよ。東京スカイツリーのタワーの中心には、鉄筋コンクリートでできた筒状の柱がある。これが、心柱の役割を果たすそうだよ。

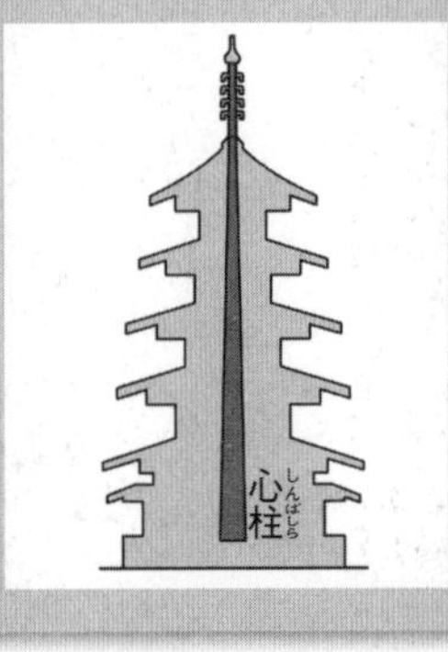

念力振り子

固有振動の仕組みを利用して、思い通りにゆれる振り子をつくろう！

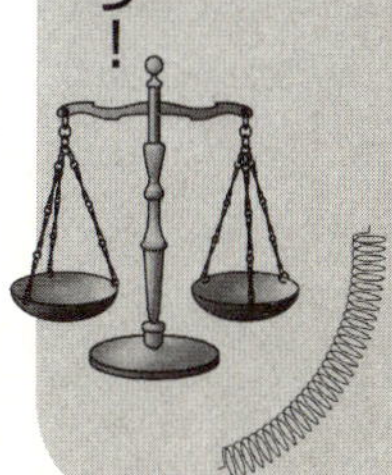

用意するもの

太さ0.2㎜のテグス（釣り糸）

15㎝くらいの定規

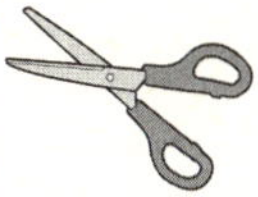

はさみ

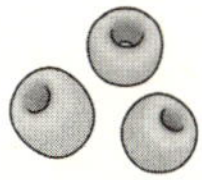

直径12㎜くらいのビーズ×3個

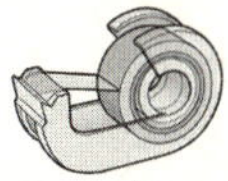

セロハンテープ

① 長さのちがうテグスを用意する

テグスをそれぞれ50㎝、35㎝、20㎝に切ったら、3本まとめて端を結ぶ（結んだあとの長さが、それぞれ45㎝、30㎝、15㎝以上になるように、端の方を結んでね）。

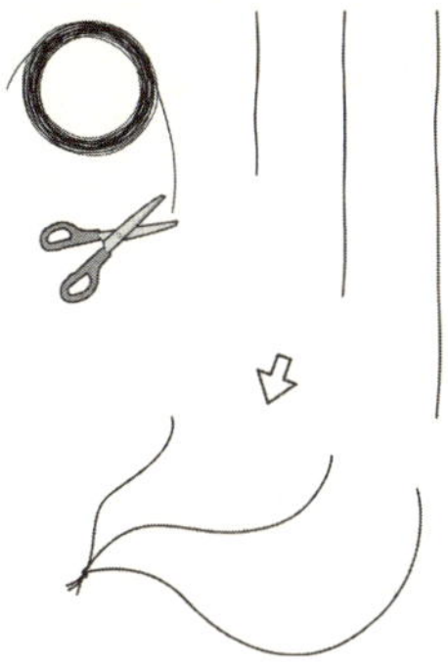

② テグスを定規にテープでとめる

定規の端から2㎝くらいの所に、テグスの結び目の部分をセロハンテープでとめる。手で軽く引っぱったくらいではテグスが抜けないよう、図のようにしっかりとはりつけよう。

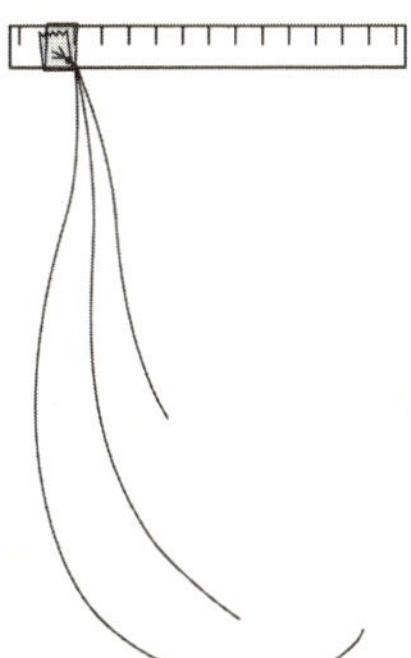

③ 3本のテグスにビーズを通す

定規の反対側の端の裏側に、セロハンテープを図のようにはり、ネバネバした粘着面が上を向くように机に置こう。

まずは短いテグスにビーズを通し、テグスの端をテープの上から押しつけて、外れないようにする。同じように残りの2本のテグスにも1つずつビーズを通し、最後にテープでしっかりと定規にはりつけたら完成だ！

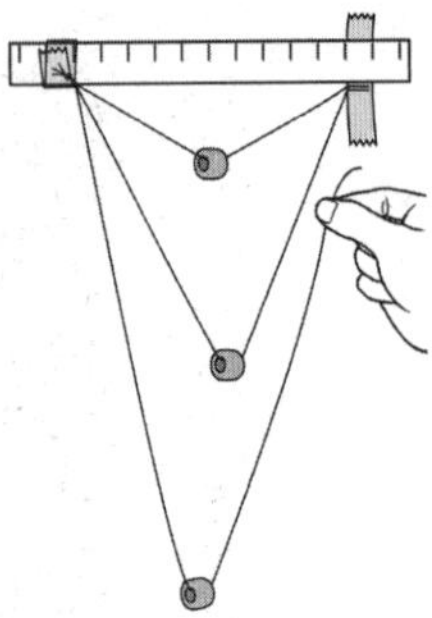

④ 長い振り子だけゆらす

最初は、一番長い振り子だけをゆらしてみよう。

長い振り子は、周期が大きい。つまりゆっくりゆれるから、その固有振動に合わせたゆらし方をするといい。長い振り子のビーズだけを見つめ、振り子がゆれるように手をわずかに動かすのがコツだ。手の動きはわずかでも、振り子のゆれは共振によって、徐々に大きくなっていくよ。

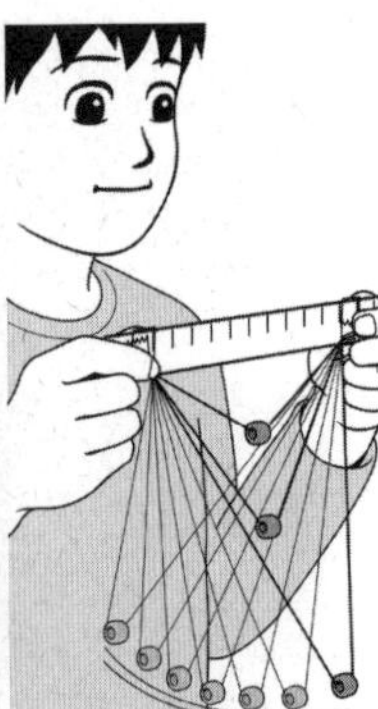

⑤ ほかの長さの振り子をゆらす

次は、一番短い振り子だけをゆらしてみよう。短い振り子の場合は、手を細かく動かすのがコツだよ。そして最後に、真ん中の振り子だけゆらす練習をしよう。

3本の振り子を思い通りにゆらせるようになったら、友だちの前で「念力で振り子を1本だけゆらします」と言いながら、どれか一本だけをゆらして見せてみよう。きっと、みんなビックリするよ！

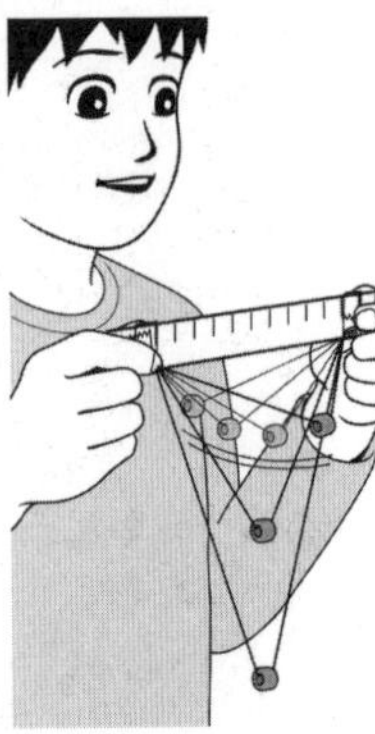

圧力の正体は!?

「気圧」や「水圧」に代表される〝圧力〟の正体は!?

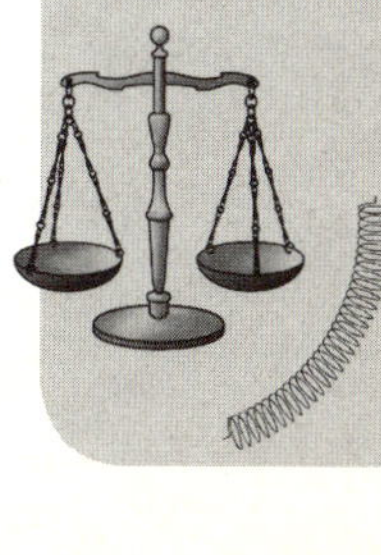

圧力の求め方

ある広さの面積にかかる力のことを**圧力**と呼ぶ。力とは別の量を表していて、つまり圧力は、**加えた力を面積でわる**ことで求められる。だから同じ大きさの力でも、力を加えた面積がせまければせまいほど、圧力は大きくなるよ。

例えば、えんぴつの削った方を左手、削っていない方を右手ではさんで持ってみよう。どちらも同じ力で押しているのに、左手の方が大きくへこむのは、力を加えた面積がせまいからなんだ。

[圧力を求める式]

$$（\text{圧力}）=\frac{（\text{加えた力}）}{（\text{力を受けた面積}）}$$

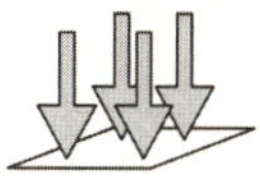

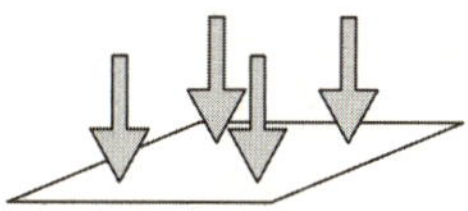

ある面積に加わる力を４本の矢印で示してみたよ。図のように、力が等しい場合は、面積がせまいほど、圧力は大きくなるんだ。

卵の上にゾウをのせられる!?

卵は1個で約5kgのものを支えられる。十分な数の卵を並べ、じょうぶな板で重さを分散させれば、卵でもゾウの体重を支えられるんだよ。

いろいろな圧力

吸盤は、空気による圧力を利用した道具だ。吸盤を壁に押しつけると、周りの空気が吸盤の表面を押す。この力の影響で、吸盤は壁から落ちなくなるんだ。圧力の種類の中でも、ある面を空気が押す力のことを**気圧**と呼ぶよ。

水による圧力のことは**水圧**、機械を動かす時に利用される油による圧力は**油圧**と呼ぶ。**血圧**というのは、からだの中の血液が血管を押す圧力のことなんだよ。

高い所ほど気圧は低い

地球上のものはすべて、地球をとりまく空気によって押されている。気圧の重さは、気圧を受けているものの上にある空気の重さで決まるんだ。海面で1㎠当たり約1kg重の空気がある時は**1気圧**、あるいは**1013hPa（ヘクトパスカル）**と表すよ。

高さが同じなら気圧の大きさは等しい。でも、山の上など高い所では、上にある空気の量が少ないので、気圧も小さくなるんだよ。

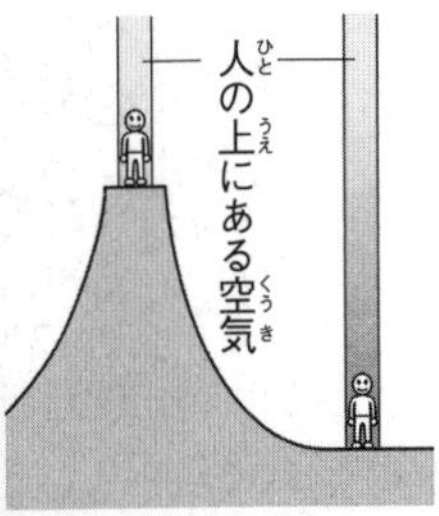

気圧が高さで変わるのは、上にある空気の重さが変わるからだ。

深い所ほど水圧は高い

今度は、水圧について見てみよう。例えば海中の水圧は、上にある空気と水の重さとして考えられる。深さ1mで1㎠の面を押す力は、約100g重だ。これが深さ100mになると、水圧も100倍になる。つまり、深い所ほど水圧は高くなるんだね。だから、数千mもの深海を探査する潜水艇は、大きな水圧でも押しつぶされないように、とてもじょうぶにつくられているよ。

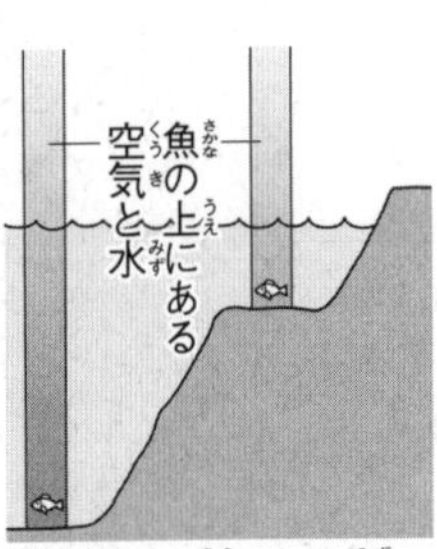

深い所ほど上にある水の重さが増えるので、水圧も大きくなるんだ。

圧力と足のサイズの関係

スキーの板を足につけると、雪に沈まなくなるのはなぜ？

砂場で実験！

お母さんや学校の先生など、ハイヒールを持っているおとなの人にお願いして、実験に協力してもらおう。準備するものは、スニーカーとハイヒール。公園や学校などの砂場に行って、右足と左足にそれぞれスニーカーとハイヒールをはいてもらおう。そして、はじめはスニーカーをはいている方の足だけで砂の上に立ってもらい、次にハイヒールをはいている方の足だけで立ってもらう。

足跡を消さないように気をつけて砂場から出てもらったら、2つの足跡を観察してみよう。スニーカーの足跡は、全体が少しへこんでいるはずだ。これに対してハイヒールの足跡は、かかとの部分が深く砂にめりこんでいるはず。つまり、砂場に接する面積がせまいハイヒールの方が、かかとにかかる圧力が大きいということだ。

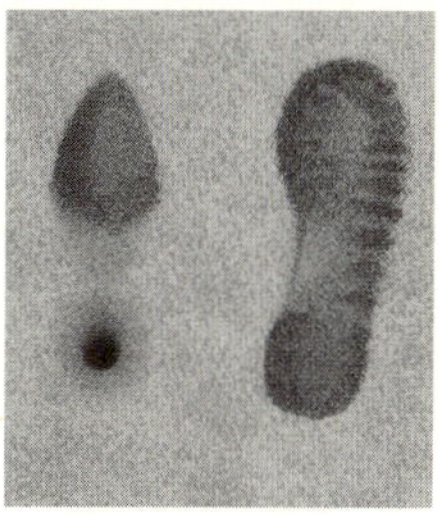

スニーカーとハイヒールを片足ずつはいて、砂場に立ってもらおう。

ハイヒールはゾウより危険!?

女性のハイヒールと動物のゾウでは、どちらに足をふまれた方が危険だろう？　体重50kgの女性に、面積が約1㎠のハイヒールのかかとでふまれた場合、かかとにかかる力は50kg重だ。一方、体重6000kgのゾウにふまれた場合、仮に4本の足の裏の面積が全部で約5000㎠だとすると、1㎠にかかる力は1.2kg重しかない。だから、危険なのはハイヒールの方なんだ！

大きな生き物は足のサイズも大きい

動物のゾウは、大きなからだを支えるために、サイズの大きい足を持っている。ゾウに限らず、大きな生き物は足のサイズも大きいんだ。中でも雪や砂の上を歩く大きな動物たちは、雪や砂に足がめりこまないよう、生きていく環境に適した大きな足を持っている。

例えば、砂漠で暮らしているラクダがそうだ。砂場の実験で、スニーカーが砂にめりこまなかったように、ラクダも面積の広い足を持っているおかげで、砂の上でも平気で歩けるんだ。

同様に、雪の多い北海道で暮らす「どさんこ」という種類のウマは、競馬で活躍しているサラブレッドと比べて足のサイズが大きい。氷と雪の上で暮らすホッキョクグマも、森で暮らすクマよりも大きいサイズの足を持っているよ。

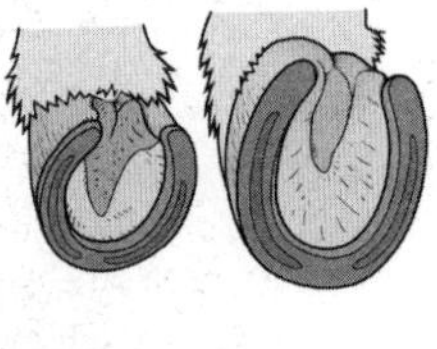

雪国で暮らすどさんこは、地面にめりこまない大きな足を持っている。

雪の上を歩くためのスノーシュー

降り積もった雪の上を歩く時、人間の小さな足の裏に体重がすべてかかると、足が雪に沈みこんでしまう。そこで、雪の上を歩くために、雪国の人たちは昔から、足の裏の面積を大きくできる特別なはきものを利用してきたんだ。

例えば、日本では「かんじき」というものが昔から使われてきた。木の枝やつるを輪っかになるように曲げたはきもので、くつなどの下につけて雪の上を歩いたんだ。最近では、西洋式のスノーシューというものも広く使われるようになってきているよ。同じように、ウインタースポーツのスキーやスノーボードも、板の面積全体に体重を分散させることで、雪の上を沈まずに移動することができる道具なんだよ。

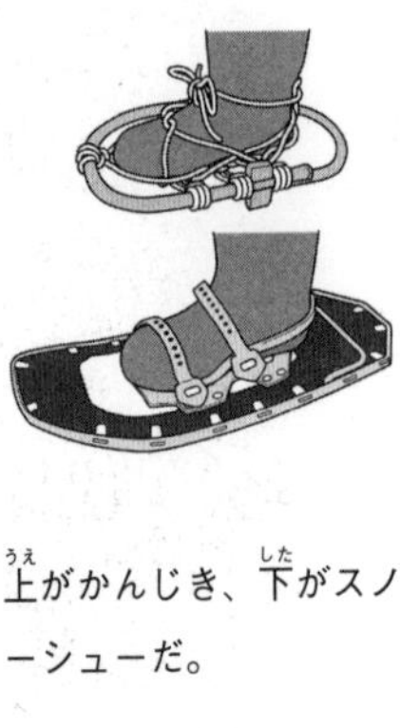

上がかんじき、下がスノーシューだ。

力と時間の関係

スポーツにも役立つ、力と時間の関係を紹介するよ！

ストロー吹き矢

ストローに綿棒をつめて、吹き矢のように吹くと、息をあまり強く吹かなくても綿棒は真っ直ぐ遠くに飛んでいく。ストローを2本セロハンテープでつないで、同じくらいの強さで吹くと、綿棒はもっと速く遠くまで飛んでいく。さらにストローを3本に増やせば、綿棒はもっと速く飛び出し、より遠くまで飛ぶようになる。吹く息の力を強くしなくても、なぜ綿棒はより速く、より遠くまで飛ぶようになるのだろう？

96ページで学んだように、力を加え続けると、物体は加速し続ける。つまり、ストローが長ければ、綿棒が飛び出すまでの時間が長くなる。その間、綿棒は力を受けて加速し続けるので、より速く飛び出すんだ。

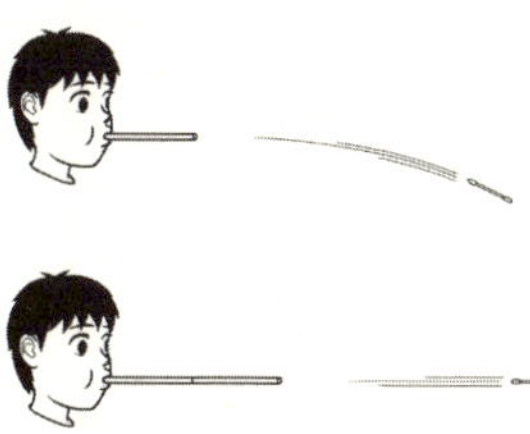

※危険なので、ストロー吹き矢を人や動物に向けないでください。

※ストロー吹き矢でかたい物を飛ばすのは危険です。絶対にやめてください。

シーツで水風船をキャッチ！

水風船を割らないように、シーツを使って、そっと受け止めてみよう。おうちの人にシーツを使ってもいいかどうかを確認したら、友だちと2人でシーツをたるませて持ち、もう1人の友だちに水風船を投げてもらおう。シーツでうまくキャッチすれば、水風船は割れないよ。

ドッジボールの上手な投げ方、受け方

　これまで見たように、力を加え続けると、物体は加速し続ける。だから、ドッジボールで球を投げる時は、手が球に触れている時間がなるべく長くなるように、投げ方を工夫してみよう。すると、今までよりも速い球が投げられるようになるよ。

　これとは反対に、ドッジボールで球を受け止める時は、体の正面にのばしたうでを引きながらキャッチしよう。なぜならば、動いているものを止める時には、長い時間をかけることで、小さな力でも速いものを止められるようになるからだ。この場合は、うでがクッションの役割を果たして、球の衝撃を吸収してくれるんだ。

　人のからだには、ほかにもクッションの役割をする部分がたくさんある。例えばジャンプして着地する時はひざを曲げるよね？　試しに5㎝ほどジャンプして、ひざを伸ばしたまま着地してみよう（※あまり高く飛ぶと危険です）。すると、ひざで吸収されなかった衝撃が、背骨に走るはずだよ。

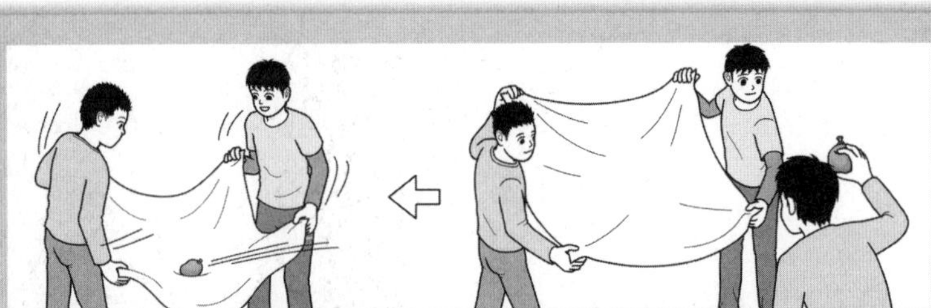

薄い水風船に水を入れて、友だちに投げてもらおう。

たるませたシーツで上手にキャッチしよう！

力とエネルギー

よく耳にする“エネルギー”って、いったい何だろう?

3つのエネルギー

エネルギーがあれば、物体を動かしたり、温めたり、明かりをつけたりすることができる。例えば、人が台車に力を加えて移動させたとしよう。このように力を加えて物体を動かした時、理科では、物体に対して「仕事をした」というよ。だからエネルギーは、**ほかの物体に仕事ができる能力**と言い換えることができるんだ。

別の例を見てみよう。高い所にある物体は、落下した時、くいを打ちこむなどの仕事ができる。このように高い所にある物体が持っている能力を**重力による位置エネルギー**（図①）と呼ぶよ。また、押し縮められたバネは、伸びる時に物体を動かす仕事ができるので、**弾性力による位置エネルギー**（図②）を持っている。動いている物体も、止まるまでのあいだに別の物体を動かす仕事ができるので、**運動エネルギー**（図③）を持っている。

この3つのエネルギーをまとめて**力学的エネルギー**と呼ぶ。このほかにも**熱エネルギー**や**電気エネルギー**などがあるよ。

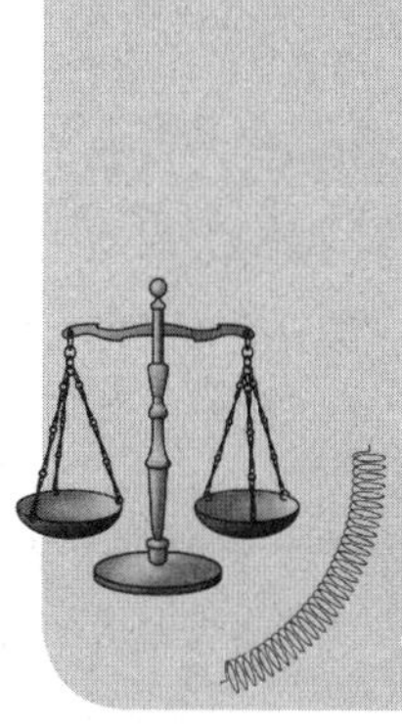

エネルギーはなくならない!?

自転車で走っている時に、ブレーキをかけると自転車は止まる。これは、ブレーキをかけた時に、タイヤとブレーキ、タイヤと地面の2つのあいだに摩さつが生じているからだ。では、自転車が止まったら、運動エネルギーはどうなるのだろう? 止まっているということは、運動エネル

①重力による位置エネルギー

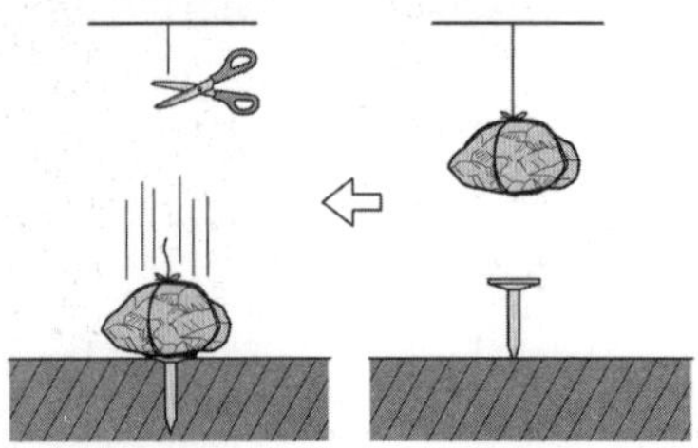

②弾性力による位置エネルギー

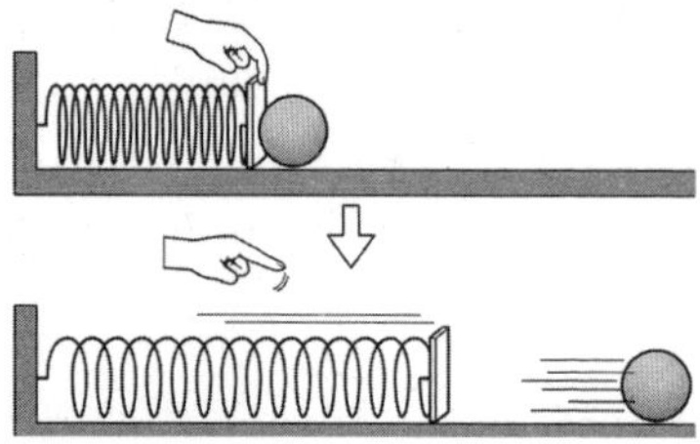

③運動エネルギー

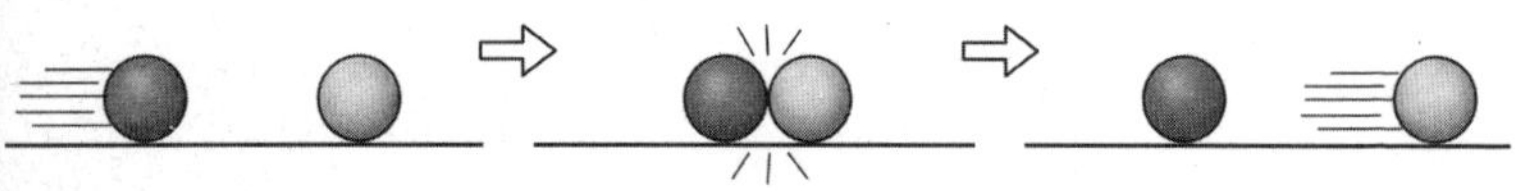

ギーはゼロ。それでは、エネルギーは消えてなくなってしまったのだろうか?

実は、ブレーキをかけると、その時の摩さつによって熱が発生しているんだ。つまり、運動エネルギーは熱エネルギーに姿を変えたんだ。このようにエネルギーは姿を次々と変えるけれど、消えてなくなることはない。これを「エネルギー保存の法則」というよ。

止まるまでに、運動エネルギーが熱エネルギーに変換される。

遊園地で学ぶ〝力と動き〟

遊園地の乗り物には、力と動きの秘密がいっぱい！

フリーフォールのこわさの秘密

フリーフォールは、腰掛けた座席が高い所から真っ直ぐ落下するアトラクションだ。フリーフォールとは、「**自由落下**」という意味の英語。止まっていた物体が、重力によって落下する動きのことを自由落下と呼ぶんだよ。

自由落下する物体は、重力を受け続けているので、どんどん加速していく。フリーフォールも同じように、どんどん速さが増し、からだが浮くように感じてスリルを味わえるんだ。落下途中でブレーキがかかり、運動エネルギーが熱エネルギーに変わって止まるよ。

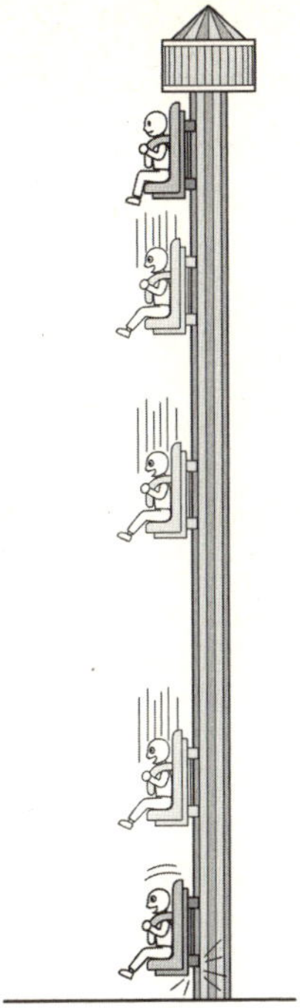

フリーフォールでは、自由落下を体験できる！

逆さになっても落ちない秘密

ローラーコースターで、たてに360度回転するタイプのものがある。事故が起こらないように、からだは安全バーで固定されているけれど、乗っている人が落下しないのは安全バーのおかげではないんだ。例えば、水を入れたバケツを持った手を素早く一回転させても、バケツの水はこぼれ落ちない（114ペー

ローラーコースターの速さの秘密

乗り場から出発したローラーコースターは、電気エネルギーによって高い位置まで運ばれる。この時、電気エネルギーは位置エネルギーに変換されるんだ（①）。

その後、コースターはコースをすべり降りる。この時、低い位置に降りるほど、位置エネルギーが運動エネルギーに変換され、速さが増していくんだ（②）。こうしてエネルギー変換を続けながらコースを進んだコースターは、最後にブレーキをかけて運動エネルギーを熱エネルギーに変換して、止まる（③）。最終的に熱エネルギーは、空気中に放出されるよ。

ローラーコースターの電気エネルギーは、位置エネルギーや運動エネルギーのほか、きしむ音を出すためのエネルギーなどにも変換されているよ。

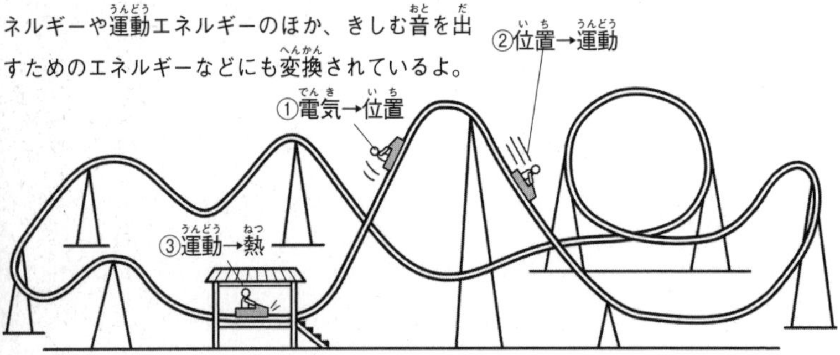

ジ）。これはなぜだろう？回転している物体は、外側に向けて「遠心力という力を受けている」と考えることができる。このおかげで、逆さになったコースターから人が落ちることはなく、バケツの水もこぼれ落ちないんだ。86～87ページのまんがで、回転ブランコからコナンが飛び出したのも、遠心力によるものと考えられるよ。

コースターが逆さになっても、回転することで乗客がシートに押しつけられるので、落ちてこない。

ハラハラどきどき遠心力

きみもバケツと水で、スリル満点の実験をしよう！

用意するもの

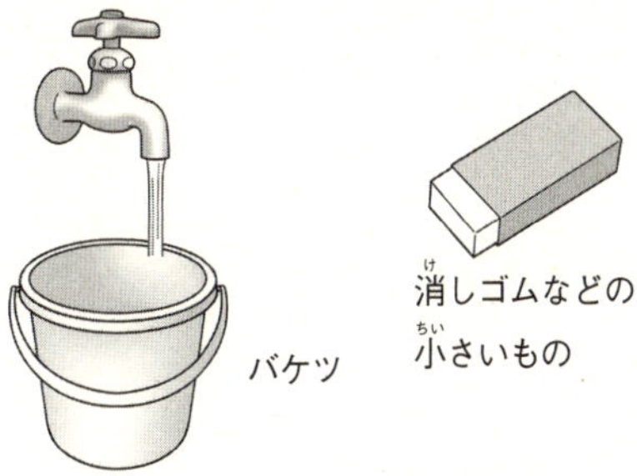

① 空のバケツを回してみよう

最初は、何も入っていない空のバケツを持って回してみよう。最初は腕を前後に振って、だんだん勢いをつけ、十分勢いがついたら回転させる。止める時も同じように、徐々に止めよう。

② 水を入れたバケツに挑戦

今度はバケツに3分の1くらい水を入れて、同じように回そう。うまくいけば水はこぼれないはずだ。でも、失敗した場合に備えて、水がこぼれてもいい場所で、ぬれてもいい服装で挑戦してね。

③ 素手と消しゴムで挑戦

小さいものを落とさずに回すのは、意外と難しい。そこで今度は、消しゴムを使って挑戦してみよう。指をそろえて、お椀のように軽く丸め、そこに消しゴムをのせる。バケツの時と同じように、徐々に勢いをつけて回そう。上手にできるようになったら、消しゴム以外のものにも挑戦だ！（※人やものにぶつからないよう、広い場所で実験してね。）

遠心力を科学に利用！ ～遠心分離器～

警察での犯罪捜査にも、遠心力が利用されている。例えば、被害者や犯人のDNAを調べる時に、遠心分離器という装置が使われるんだ。名探偵コナン理科ファイル『人のからだの秘密』でも紹介したように、DNAは生物が遺伝情報を伝えるデオキシリボ核酸のことだ。このDNAは1人1人ちがう上、一生変わることがない。しかも、全身のどの細胞からとり出しても同じDNAが得られるため、犯罪捜査の重要な証拠になるんだ。犯行現場に残された血液などの証拠品に含まれるDNAをとり出すために、証拠品と薬品を入れた小さな容器を遠心分離器にセットする。スイッチを入れると装置は高速で回転し、遠心力によって重いものが容器の外の方へかたよるんだ。これをくり返していくと、やがてDNAをとり出せる。こうして得られたDNAによって被害者や犯人が明らかになり、多くの事件が解決されているんだよ。

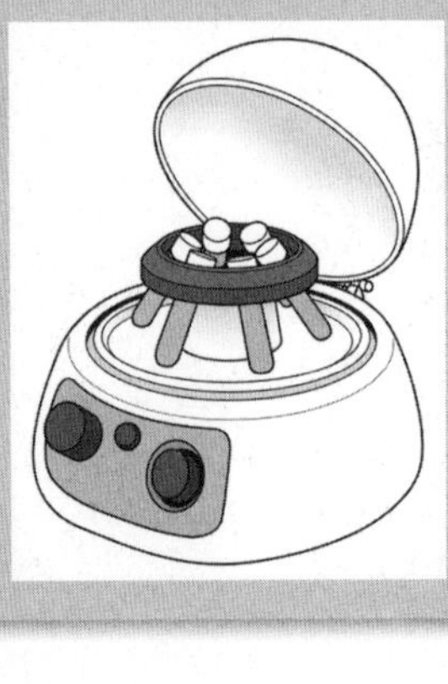

力と動きクイズ 〜パート2〜

コナンからのクイズに挑戦！
きみは何問正解できるかな？

Quiz 1

ある地点からある地点まで、300㎞の道のりを6時間かけて自動車で移動したよ。では、この自動車の平均の速さは時速何㎞だったかな？

Quiz 2

次の文章の中で、まちがっているものはどれ？

①動いている物体は、力を加えなければやがて止まる

②止まっている物体を動かすには、力を加えなければならない

③動いている方向に力が加わっているあいだ、物体はどんどん加速していく

Quiz 3

Aの振り子と同じ周期でゆれるのは、どの振り子？

①おもりは同じ重さで、長さは2倍

②おもりは2倍の重さで、長さは半分

③おもりは2倍の重さで、長さは同じ

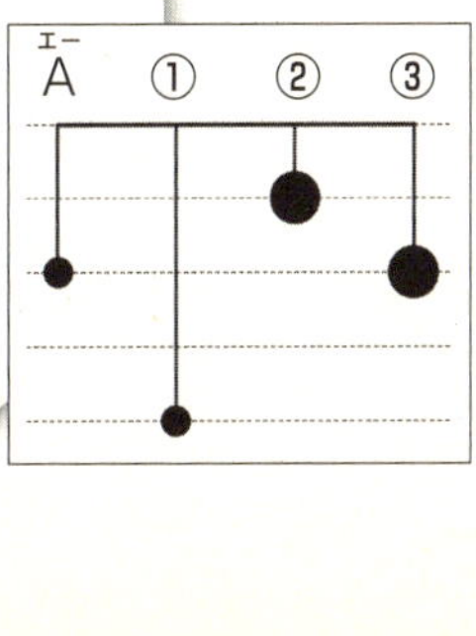

Quiz 4

「力を加える時間が長いほど、物体は加速する」。この法則を利用している例として、正しいものをすべて選んでね。

①吹き矢の筒が長いほど、飛び出す矢は速い

②ボウリングのレーンが長いほど、ボールは速く進む

③手とボールが接する時間が長いほど、投げたボールは速く進む

Quiz 5

次の文章の中で、正しいものを選んでね。

①水圧は、深い所ほど大きい

②気圧は、高い所ほど大きい

③圧力は、力がかかる面積が広いほど大きい

Quiz 6

平らな道を走っていた自転車が、ブレーキをかけて止まった。この時のエネルギーの状態について、正しい説明はどれだろう？

①自転車が持っていたエネルギーは、すべて消えた

②運動エネルギーが、位置エネルギーに変換された

③運動エネルギーが、熱エネルギーに変換された

力と動きクイズ～パート2～の答え

まちがえた問題は、コラムを読み直してからもう一度挑戦してね！

Answer 1

正解は、時速50km

$$\frac{300\text{km}}{6\text{時間}} = \text{時速}50\text{km}$$

平均の速さは、進んだ距離をかかった時間でわることで求められる。まちがえた人は、92～93ページをもう一度読もう！

▶P.92～93

Answer 2

正解は、①の文章

動いている物体が止まるのは、摩さつ力などによって減速するからだ。まちがえた人は、96～97ページをもう一度読もう！

▶P.96～97

Answer 3

正解は、③の振り子

振り子の周期は、おもりの重さにはよらず、振り子の長さで決まるんだ。これを振り子の等時性というよ。まちがえた人は、100～101ページをもう一度読もう！

▶P.100～101

Answer 4

正解は、①と③の文章

ボウリングのボールは、レーンを転がっているあいだにわずかな摩さつ力がかかるので、レーンが長ければ長いほど減速するよ。まちがえた人は、108〜109ページをもう一度読もう！

▶P.108〜109

Answer 5

正解は、①の文章

気圧は、低い所ほど大きい。圧力は、力がかかる面積がせまいほど大きいんだ。まちがえた人は、104〜107ページをもう一度読もう！

▶P.104〜107

Answer 6

正解は、③の説明

エネルギーは、姿を変えても失われることはない。ブレーキをかけると、運動エネルギーは摩さつによって熱エネルギーに変換され、やがて自転車が止まるんだ。まちがえた人は、110〜111ページをもう一度読もう！

▶P.110〜111

サイエンス偉人伝①

力の単位に名前を残す偉人

アイザック・ニュートン

「慣性の法則」や「作用反作用の法則」をまとめたニュートンを紹介するよ！

1642年～1727年

イギリスの小さな村で生まれたニュートンは、ケンブリッジという街にある大学で学んでいた。ところが当時、イギリスではペストという伝染病が流行していて、大学が休みになってしまった。仕方なく、生まれ故郷に帰ったニュートンは、1人でじっくりと物理学や数学について考えて、「万有引力の法則」をはじめ、大きな科学的業績をたくさん残したんだ。

ニュートンはリンゴが落ちるのを見て、万有引力に気づいたといわれているよ。

その後、ニュートンは「慣性の法則」などをまとめた『プリンキピア』という本を出版した。名探偵コナン理科ファイル『植物の秘密』で紹介した科学者ロバート・フックとは、光や万有引力に関する研究で対立していたけれど、やがてニュートンは科学者の集まりである王立協会の会長になり、科学での功績を認められて、イギリス女王から「ナイト」という称号を授けられたんだ。これらの業績を称えて、力の単位はN（ニュートン）で表されているよ（力の単位は、ほかにkg重などがあり、1kg重は約9.8N）。

このほかにもニュートンは、金ではないものから金をつくる錬金術の研究を行っていた。金はできなかったけれど、その研究の成果は、現代の化学にも引き継がれているよ。

サイエンス偉人伝②

“世界のHONDA”の生みの親

本田宗一郎

日本人ではじめて「自動車殿堂」入りを果たした本田宗一郎さんを紹介!!

1906年～1991年

静岡県生まれの本田さんは、小学生の時にはじめて見た自動車にあこがれ、学校を卒業後、自動車修理工場に勤めた。そして1928年に独立して、会社を立ち上げたんだ。

「いつかは世界一のバイクメーカーになる」という夢を抱いていた本田さんが、その夢の実現に向けてまずとり組んだのは、自転車用補助モーターの開発だった。その後、本田さんの会社、本田技研工業から本格的オートバイの第一号「ドリームD型」が発売されたのは1949年のこと。1958年には、自転車用補助モーターを搭載した小型バイク「スーパーカブ」も発売された。この「スーパーカブ」シリーズは、現在も販売され続けていて、単一のシリーズとしては世界最多の生産台数を記録しているんだ。

その後、1963年から四輪の自動車も製造するようになった本田技研工業は、日本屈指の自動車メーカーに成長した。こうした業績によって、本田さんは1989年に日本人ではじめて、自動車文化の本場アメリカの自動車殿堂入りを果たしたんだよ。

そんな本田さんは「結果はともあれ、少しでも興味を持ったことに手をつけてみよう」という言葉を残している。

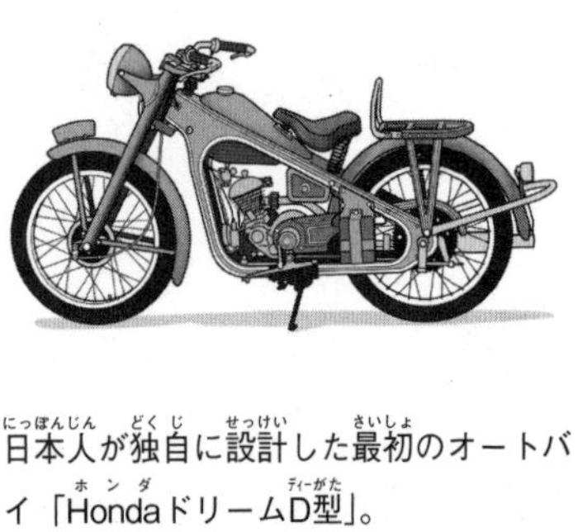

日本人が独自に設計した最初のオートバイ「Hondaドリーム D型」。

理科の秘密の調べ方

身の周りにひそんでいる、たくさんの〝理科の秘密〟をどのように調べたらいいのだろう？

① 不思議を探そう！

虹はなぜ見えるの？植物はどうやって大きくなるの？　音はどうして聞こえるの？

きみがふだん、不思議に思っていることをノートに書き出してみよう。「どうして？」が身の周りの理科の秘密を探すキーワードだよ。

② 計画を立てよう！

「どうして？」を調べるためにはどんな方法がよいか、計画を立てよう。本を読んだり、インターネットで調べたりして計画を立てたら、おとなの人に見せて、安全に実験や観察ができそうかチェックしてもらおう。

③ 準備をしよう！

計画をもとに、実験や観察に必要な道具を準備しよう。安全に実験や観察が行える服装かどうかもチェックが必要だ。実験や観察の際は写真を撮ったり、ノートにメモをとったりすると、結果をまとめる時に役立つよ。

④-❶ 観察で確かめよう！

動物や星などの様子を観察することで、いろいろな秘密が分かる。観察した様子は写真などで記録し、ノートにも、観察した日時や条件（場所、天気など）を書き留めておこう。観察には、おとなの人と一緒に出かけよう！

④-❷ 実験で確かめよう！

実験をして、結果がどうなるか確かめよう。ノートに実験した日時や手順（長さを変えた、温度をはかったなど）を書き留めておくこと。結果が予想とちがったら、その原因を考えよう。実験はおとなの人と一緒にやろう！

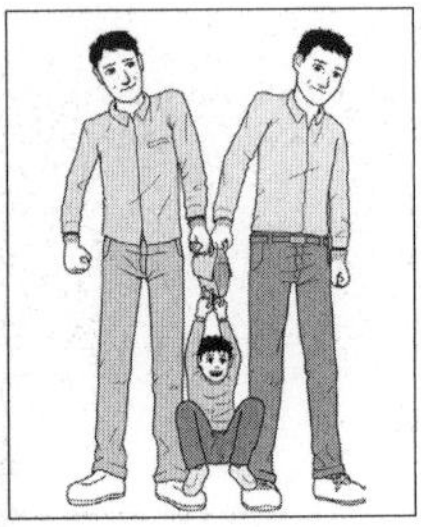

⑤ 結果をまとめよう！

観察や実験で理科の秘密を調べたら、左の図のように、調査の結果をまとめよう。

- ◉タイトルと日付
- ◉目的と予想→実験や観察の目的と、きみの予想を書こう。
- ◉準備→用意したもの。
- ◉方法→だれでも同じ実験ができるように、手順を書こう。
- ◉結果→実験や観察の結果を表やグラフ、写真などを使いながら整理しよう。
- ◉分かったこと→結果から考えられることを書こう。
- ◉感想→「楽しかった」などの感想は、「分かったこと」とは別に書こう。

実験タイトル「力とばねの変形の関係」

20XX 年○月○日

〈目的と予想〉
ばねは、大きな力を加えるほど大きく変形する。力とばねの変形する大きさの関係を調べる。ばねは規則的に変形するのではないか？

〈準備〉
ばね、じょうぎ、10g のおもり8個、三脚

〈方法〉
1. ばねを三脚に固定する。
2. ばねの端をじょうぎの0cm に合わせる。
3. おもりをばねに1つずつつけて、ばねののびを記録する。

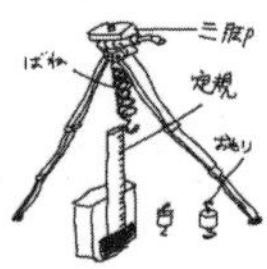

〈結果〉
1つのおもりを 10（g 重）の力として計測した結果。

ばねに加える力(g重)	0	10	20	30	40	50	60	70	80
ばねの変形(mm)	0	7	13	21	28	36	42	48	56

〈分かったこと〉
グラフから、ばねに加える力とばねの変形する大きさは比例することが分かった。

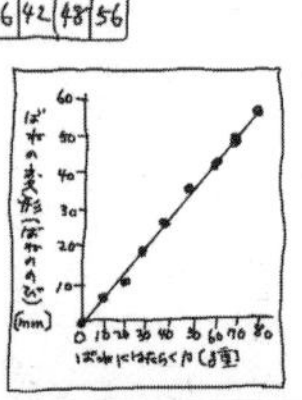

〈感想〉
おもりをつけたばねが、重みで動かないように固定するのがむずかしかった。次回は、紙やプラスチックなどでも調べてみたいと思った。

力と動きの秘密が分かる、いろいろな本

力と動きの秘密について調べたくなったら、ここで紹介したような本を図書館や書店で探してみよう！

ゆらゆらばしのうえで

文／きむらゆういち、絵／はたこうしろう（福音館書店）

うさぎときつねが、シーソーのような丸太橋の上でバランスをとるには？

理科のふしぎがわかる
科学おもしろ絵事典 楽しく学べる原理・法則

監修／滝川洋二（PHP研究所）

てこの原理など、学校で習う理科の原理や法則を分かりやすく解説しているよ。

めざせ！力学博士

▼

親子でつくるこまの本
こままわるかな

作／成井俊美、絵／三枝祥子（福音館書店）

厚紙だけでなく、野菜やねん土などを使って、よく回るコマがつくれるよ！

力学の秘密を調べよう

▼

小学館の図鑑 NEO
『科学の実験』

指導・監修／ガリレオ工房（小学館）

身近な道具を使ってできる科学実験や工作が、約180も収録されているよ！

世界にはばたく日本力
日本の鉄道技術

著／秋山芳弘、編／こどもくらぶ（ほるぷ出版）

日本のさまざまな技術力を紹介するシリーズの一冊で、鉄道の科学を学ぼう！

ねずみくんとシーソー

作／なかえよしを、絵／上野紀子（ポプラ社）

ぞうさんとねずみくんがシーソーで遊ぶには、どうしたらいいんだろう？

名探偵コナン実験・観察ファイル
サイエンスコナン『宇宙と重力の不思議』

原作／青山剛昌、監修／ガリレオ工房（小学館）

名探偵コナンの本格的な推理まんがと、実験コラムが合体したシリーズの一冊。

おとなも楽しめる力学の本▼

ころりん

著／島野公利、小出雅之、宮地祐司（仮説社）

だれにでもできる簡単な実験を通して「落下運動の法則」に迫る科学実験読み物。

重さで動く
落ちる・転がる・バランス・フリコ

作／成井俊美、イラスト／チャプモン京子（草土文化）

竹とんぼやユラユラ二輪車など、重さで動くおもちゃをつくるための本だよ。

目で見る物理
力・運動・光・色・原子・質量

著／リチャード・ハモンド、訳／鈴木将（さ・え・ら書房）

ギリシャ時代からはじまった物理学が、どのように発達してきたかを学ぼう！

サイエンスシアターシリーズ
力と運動編３
衝突の力学 瞬間のなぞ

著／板倉聖宣、塚本浩司（仮説社）

簡単でおもしろい実験を紹介するシリーズ。「吹き矢の力学」などもおすすめ！

新装版 道具と機械の本
てこからコンピューターまで

作／デビッド・マコーレイ、訳／歌崎秀史（岩波書店）

生活をとりまく道具や機械の原理、仕組み、はたらきを解き明かす解説書だよ。

発展コラム式 中学理科の教科書
第１分野（物理・化学）

編／滝川洋二（講談社）

全14章。１話読み切り型のコラム教科書で、科学の常識を身につけよう！

新しい理科の教科書

編・著／左巻健男、ほか（文一総合出版）

小学３年から小学６年まで全４巻。科学の基礎をおさえた手引き書だよ。

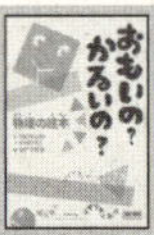

おもいの？ かるいの？
物理の絵本

作／やまがみじろう、絵／さかきひろこ、監修／中村純（数研出版）

楽しい絵とやさしい言葉で、慣性や自由落下などを解説した科学入門書だよ。

ここで紹介したほかにも、
たくさんのすばらしい本があるよ！
調べ物をする時は、いくつかの本を比べてみよう!!

サイエンスコナン　定価：各840円（税込）

磁石の不思議

とても楽しい磁石の実験がいっぱい！

ISBN4-09-296103-0

宇宙と重力の不思議

野口宇宙飛行士からのメッセージも収録！

ISBN4-09-296105-7

名探偵の不思議

名探偵のテクニックをマスターしよう!!

ISBN978-4-09-296114-2

レンズの不思議

暗号文に隠された謎をレンズで解け！

ISBN4-09-296104-9

食べ物の不思議

料理研究家・味沢にせまる不審な影!!

ISBN4-09-296113-8

七変化する水の不思議

氷の彫刻に秘められた謎を解明せよ!!

ISBN978-4-09-296111-1

名探偵コナン 推理ファイル

数と図形の謎

暗号に秘められた数字の謎を解け!!

定価：945円（税込）
ISBN978-4-09-296120-3

漢字とかなの謎

古代文字の解読にコナンが挑む!!

定価：945円（税込）
ISBN978-4-09-296127-2

世界遺産の謎

コナンと一緒に世界遺産をめぐろう!!

定価：945円（税込）
ISBN978-4-09-296118-0

地球の謎、恐竜の謎
昆虫の謎、環境の謎
日本史の謎①～③
以上、定価：各840円（税込）

日本史の謎④⑤
以上、定価：各945円（税込）

人類の謎、エジプトの謎
以上、定価：各998円（税込）

江戸の謎
定価：788円（税込）

staff

■原作／青山剛[illegible]
■監修／ガリレ[illegible]
■まんが／金井[illegible]
■構成／原口るみ（ガリレオ工房）、田端広英（インパルス）
■イラスト／加藤貴夫
■ＤＴＰ／株式会社昭和ブライト
■デザイン／竹歳明弘（STUDIO BEAT）
㈲KAKAZU企画
■編集協力／新村徳之（DAN）

■校閲／小学館クリエイティブ
小学館出版クォリティセンター
■制作／鈴木敦子
■制作企画／直居裕子
■資材／斉藤陽子
■宣伝／内藤尚美
■販売／秋窪俊郎
■編集／藤田健彦

小学館学習まんがシリーズ・**名探偵コナンの学習シリーズ**

名探偵コナン理科ファイル

力と動きの秘密

2011年12月7日　初版第1刷発行

発行人　伊藤護
発行所　株式会社　小学館
〒101-8001
東京都千代田区一ツ橋 2-3-1
電話　編集／03(3230)5400
販売／03(5281)3555
印刷所　図書印刷株式会社
製本所　共同製本株式会社

ISBN 978-4-09-296189-0　Shogakukan,Inc.